FORSCHUNGSBERICHTE DES LANDES NORDRHEIN-WESTFALEN

Nr. 1870

Herausgegeben im Auftrage des Ministerpräsidenten Heinz Kühn
von Staatssekretär Professor Dr. h. c. Dr. E. h. Leo Brandt

DK a) 518.9 512.898.3
b) 513.881

Dipl.-Math. Dieter Coenen

Quasi-Nullsummenspiele und dominierte Gleichgewichtspunkte in Bimatrix-Spielen

Dr. rer. nat. Jörg Blatter

Zur Stetigkeit von mengenwertigen metrischen Projektionen

Rheinisch-Westfälisches Institut für Instrumentelle Mathematik Bonn (IIM)

Springer Fachmedien Wiesbaden GmbH 1967

Diese Veröffentlichung enthält zugleich Nr. 15 und Nr. 16 der »Schriften des Rheinisch-Westfälischen Instituts für Instrumentelle Mathematik an der Universität Bonn (Serie A)«

ISBN 978-3-663-19620-4 ISBN 978-3-663-19670-9 (eBook)
DOI 10.1007/978-3-663-19670-9

Verlags-Nr. 011870

Ursprünglich erschienen bei Westdeutscher Verlag, Köln und Opladen 1967.

Dipl.-Math. Dieter Coenen

Rheinisch-Westfälisches Institut für Instrumentelle Mathematik Bonn (IIM)

Quasi-Nullsummenspiele und dominierte Gleichgewichtspunkte in Bimatrix-Spielen

(Nr. 15 der Schriften des IIM · Serie A)

Inhalt

Einleitung 5

Bezeichnungen und allgemeine Definitionen 6

Quasi-Nullsummenspiele 9

Dominierte innere Gleichgewichtspunkte bei Bimatrix-Spielen.................... 14

Literaturverzeichnis 16

Einleitung

J. von Neumann [1] hat gezeigt, daß die gemischte Erweiterung eines endlichen 2-Personen-Nullsummenspiels immer (mindestens) einen Sattelpunkt hat. Als Lösung des Spiels kann die Menge aller Sattelpunkte definiert werden, da damit alle Forderungen erfüllt sind, die an eine rein spielbedingte Lösung zu stellen sind:

1. In den Sattelpunkten gilt das Minimaxtheorem.
2. Die Austauschbarkeitsbedingung von Nash [2]: *Jede* Sattelpunktstrategie des einen Spielers bildet mit *jeder* Sattelpunktstrategie des Gegenspielers einen Sattelpunkt.
3. Die Gleichwertigkeitsbedingung: Die Gewinnerwartung eines jeden Spielers ist in allen Sattelpunkten gleich.
4. Präventive Strategien (bei deren Anwendung die höchste vom Gegner erreichbare Gewinnerwartung minimal ist) und defensive Strategien (bei deren Anwendung die niedrigste eigene Gewinnerwartung maximal ist) sind zugleich Sattelpunktstrategien und umgekehrt.
5. Ein Sattelpunkt wird von keinem anderen Punkt dominiert, d. h. in keinem anderen Punkt können beide Spieler zugleich höhere Gewinnerwartungen haben.

In beliebigen (endlichen wie unendlichen) 2-Personen-Nullsummenspielen ist die Existenz eines Sattelpunktes gleichbedeutend mit der Gültigkeit des Minimaxtheorems 1., sofern die Maxima und Minima in den Strategienräumen existieren. Die Aussage 5. gilt in jedem Nullsummenspiel trivialerweise, da überhaupt kein Punkt dominiert werden kann, 2. und 3. sind unmittelbare Folgen der Sattelpunkteigenschaft und 4. ergibt sich aus der Gültigkeit des Minimaxtheorems 1. in den Sattelpunkten, da die präventiven und defensiven Strategien als Minimaxstrategien definiert sind.

Bei allgemeinen 2-Personen-Spielen (das sind Nichtnullsummenspiele bzw. als Sonderfall auch Nullsummenspiele, im endlichen Falle kurz Bimatrix-Spiele) treten an die Stelle der Sattelpunkte die Gleichgewichtspunkte. Nach dem Satz von Nash [2] hat jedes Bimatrix-Spiel (d. h. die gemischte Erweiterung eines endlichen 2-Personen-Spiels) mindestens einen Gleichgewichtspunkt. Falls die Austauschbarkeitsbedingung 2. erfüllt ist, definiert Nash als Lösung des Spiels die Menge aller Gleichgewichtspunkte.

Nun ist in allgemeinen Spielen jedoch normalerweise die Austauschbarkeitsbedingung wie überhaupt alle Bedingungen 1. bis 5. nicht erfüllt. Um einen Gleichgewichtspunkt zu erreichen, müssen die Spieler also ihre Strategien aufeinander abstimmen. Noch schlimmer ist, daß auch die Gleichwertigkeitsbedingung i. a. nicht erfüllt ist. Falls nicht ein Gleichgewichtspunkt alle anderen dominiert, gehen dann die Interessen der Spieler auseinander, welcher der Gleichgewichtspunkte gespielt werden soll.

Die Minimaxeigenschaft 1. der Sattelpunkte in den Nullsummenspielen läßt eine Verallgemeinerung auf allgemeine 2-Personen-Spiele zu, indem das Minimum einer Gewinnerwartung ersetzt wird durch das Maximum der Gewinnerwartung des Gegenspielers. Gleichgewichtspunkte, die dieser Verallgemeinerung von 1. genügen, heißen (verallgemeinerte) Sattelpunkte. Während in Nullsummenspielen die Gleichgewichtspunkte (= Sattelpunkte) auch immer verallgemeinerte Sattelpunkte sind, gilt das in Nichtnullsummenspielen i. a. nicht.

In dieser Arbeit werden hauptsächlich die später zu definierenden »Quasi-Nullsummenspiele« untersucht. Das (echte) Quasi-Nullsummenspiel (echt heißt: nicht äquivalent einem Nullsummenspiel) erfüllt die Bedingungen 2. Austauschbarkeit und 3. Gleichwertigkeit immer. Haben die Gleichgewichtspunkte für beide Spieler den Wert Null (das Spiel heißt dann Quasi-Nullsummenspiel vom Werte Null), so sind sie alle verallgemeinerte Sattelpunkte. Existiert dabei auch ein innerer Gleichgewichtspunkt, so heißt das Spiel ein Quasi-Nullsummenspiel vom inneren Werte Null. Ein solches Spiel ist (wenn es echt ist) ein Nichtnullsummenspiel, dessen unendlich viele (nicht nur innere) Gleichgewichtspunkte sämtlich verallgemeinerte Sattelpunkte sind, und für das sogar alle Bedingungen 1. bis 4. erfüllt sind, aber nicht 5. Das Spiel hat also praktisch gleiche Eigenschaften wie ein Nullsummenspiel, jedoch wird *jeder* Gleichgewichtspunkt dominiert.

Deshalb kann die Menge der Gleichgewichtspunkte als Lösung nicht befriedigen. Vielmehr ist die Lösung unter den Punkten zu suchen, die die Gleichgewichtspunkte dominieren, selbst aber nicht dominiert werden. Die Lösungsstrategien brauchen jedoch nicht auf den Rändern der Strategienräume zu liegen (vgl. auch NITSCHE [6]).

Mit Hilfe der Quasi-Nullsummenspiele ergibt sich als weiteres Resultat eine Verallgemeinerung des Satzes 2 bzw. 2a aus KRELLE-COENEN [3]. Er lautet jetzt: Innere Gleichgewichtspunkte in einem nichttrivialen Bimatrix-Spiel werden genau dann nicht von anderen Punkten dominiert, wenn das Spiel zu einem Nullsummenspiel strategisch äquivalent ist.

Für Gleichgewichtspunkte auf dem Rande braucht der Satz natürlich nicht zu gelten. In [3] wurde der entsprechende Satz nur für den Fall eines eindeutig bestimmten inneren Gleichgewichtspunktes bewiesen.

Bezeichnungen und allgemeine Definitionen

Die Bezeichnungen werden im wesentlichen aus [3] übernommen. Sie sollen hier nur kurz zusammengestellt werden.

Ist x ein reeller Vektor mit den (beliebig endlich vielen) Komponenten x_k und s eine reelle Zahl, so sollen folgende Abkürzungen gebraucht werden:

$$x \geqq s :\leftrightarrow \bigwedge_k x_k \geqq s; \quad x \gg s :\leftrightarrow \bigwedge_k x_k > s; \quad x > s :\leftrightarrow x \geqq s \wedge x \nleqq s; \text{ usw.,}$$

und für Vektoren x, y gleicher Komponentenzahl

$$x \geqq y :\leftrightarrow x - y \geqq 0; \quad x \gg y :\leftrightarrow x - y \gg 0; \quad x > y :\leftrightarrow x - y > 0; \text{ usw.}$$

x sei stets ein Spaltenvektor, x^T (T = Transposition) der entsprechende Zeilenvektor. $\sum x$ bedeutet $\sum_k x_k$. x heißt zulässig normiert, wenn $x > 0 \wedge \sum x = 1$ ist.

A, B seien die beiden Spieler, $\mathfrak{A}, \mathfrak{B}$ deren Gewinnmatrizen mit je m Zeilen und n Spalten. Die Elemente seien a_{ij} und b_{ij}. Der Index i bzw. j gehöre stets zur Menge $\{1, \ldots, m\}$ bzw. $\{1, \ldots, n\}$.

Das Spiel $[\mathfrak{A}, \mathfrak{B}]$ besteht darin, daß Spieler A bzw. B in den beiden Matrizen $\mathfrak{A}$ und $\mathfrak{B}$ die Zeile i mit der Wahrscheinlichkeit w_i und die Spalte j mit der Wahrscheinlichkeit v_j wählt. Die Gewinnerwartungen der beiden Spieler sind dann

$$(1) \qquad \varepsilon_A(w, v) = w^T \mathfrak{A} v = \sum_{i,j} a_{ij} w_i v_j, \quad \varepsilon_B(w, v) = w^T \mathfrak{B} v = \sum_{i,j} b_{ij} w_i v_j$$

w bzw. v ist also ein m-gliedriger bzw. n-gliedriger zulässig normierter Vektor. w und v heißen die (gemischten) Strategien der Spieler A und B.

Die Strategienmengen der Spieler sind Unterräume des R^m bzw. R^n, nämlich Simplexe. Damit ist klar, wie in den Strategienräumen bzw. deren Produkt Umgebungen eingeführt werden können. Ein Paar $(\mathfrak{w}, \mathfrak{v})$ heißt Punkt (oder auch Feld) des Spieles $[\mathfrak{A}, \mathfrak{B}]$, insbesondere ein innerer Punkt, wenn $\mathfrak{w} \gg 0$ und $\mathfrak{v} \gg 0$ ist. In der Tat können die Paare $(\mathfrak{w}, \mathfrak{v})$ geometrisch als Punkte im Produkt der beiden Strategienräume (d. h. im »Spielraum«) interpretiert werden[1].

Der Punkt $(\bar{\mathfrak{w}}, \bar{\mathfrak{v}})$ dominiert[2] den Punkt $(\mathfrak{w}, \mathfrak{v})$ – in Zeichen $(\bar{\mathfrak{w}}, \bar{\mathfrak{v}}) \cdot\!\!> (\mathfrak{w}, \mathfrak{v})$ – wenn

(2) $$\varepsilon_A(\bar{\mathfrak{w}}, \bar{\mathfrak{v}}) > \varepsilon_A(\mathfrak{w}, \mathfrak{v}) \wedge \varepsilon_B(\bar{\mathfrak{w}}, \bar{\mathfrak{v}}) > \varepsilon_B(\mathfrak{w}, \mathfrak{v})$$

Die Matrizen $\tilde{\mathfrak{A}}$ und $\mathfrak{A}$ heißen (strategisch) äquivalent, wenn für ihre Elemente gilt

(3) $$\bigvee_{c,d}(c > 0 \wedge \bigwedge_{ij} \tilde{a}_{ij} = c a_{ij} + d)$$

Die Spiele $[\tilde{\mathfrak{A}}, \tilde{\mathfrak{B}}]$ und $[\mathfrak{A}, \mathfrak{B}]$ heißen (strategisch) äquivalent, wenn $\tilde{\mathfrak{A}}$ und $\mathfrak{A}$ sowie $\tilde{\mathfrak{B}}$ und $\mathfrak{B}$ äquivalent sind. Bei den folgenden Untersuchungen braucht man äquivalente Spiele nicht zu unterscheiden. Insbesondere braucht man zwischen Nullsummenspielen und Konstantsummenspielen keinen Unterschied zu machen.

Ferner werden noch folgende Abkürzungen verwendet:

(allgemeines) Spiel	= nichttriviales Bimatrix-Spiel (= gemischte Erweiterung eines nichttrivialen endlichen 2-Personen-Spiels)
nichttrivial	= keine der Gewinnmatrizen besteht aus lauter gleichen Elementen, d. h. weder ε_A noch ε_B ist konstant
normales Spiel	= keine Zeile oder Spalte einer der Matrizen besteht aus lauter gleichen Elementen (auch: streng nichttriviales Spiel)
NSS	= Nullsummenspiel
NNSS	= Nichtnullsummenspiel
QNSS	= Quasi-Nullsummenspiel
GP	= Gleichgewichtspunkt (bzw. Menge der Gleichgewichtspunkte)
SP	= Sattelpunkt (bzw. Menge der Sattelpunkte)

Ein NNSS bzw. QNSS heißt echt, wenn es nicht äquivalent zu einem NSS ist.

Definition der Gleichgewichtspunkte : $(\overset{*}{\mathfrak{w}}, \overset{*}{\mathfrak{v}}) \in \text{GP} :\leftrightarrow$

(4) $$\max_{\mathfrak{w}} \varepsilon_A(\mathfrak{w}, \overset{*}{\mathfrak{v}}) = \varepsilon_A(\overset{*}{\mathfrak{w}}, \overset{*}{\mathfrak{v}}) \wedge \max_{\mathfrak{v}} \varepsilon_B(\overset{*}{\mathfrak{w}}, \mathfrak{v}) = \varepsilon_B(\overset{*}{\mathfrak{w}}, \overset{*}{\mathfrak{v}})$$

Gleichgewichtsstrategien werden i. a. mit dem Stern gekennzeichnet. $\overset{*}{\lambda} = \varepsilon_A(\overset{*}{\mathfrak{w}}, \overset{*}{\mathfrak{v}})$ und $\overset{*}{\mu} = \varepsilon_B(\overset{*}{\mathfrak{w}}, \overset{*}{\mathfrak{v}})$ heißen die Werte des GP $(\overset{*}{\mathfrak{w}}, \overset{*}{\mathfrak{v}})$ für die Spieler A und B.

Im Nullsummenspiel ist (4) wegen $\varepsilon_B = - \varepsilon_A$ gleichwertig mit

(5) $$\bigwedge_{\mathfrak{w},\mathfrak{v}} \varepsilon_A(\mathfrak{w}, \overset{*}{\mathfrak{v}}) \leqq \varepsilon_A(\overset{*}{\mathfrak{w}}, \overset{*}{\mathfrak{v}}) \leqq \varepsilon_A(\overset{*}{\mathfrak{w}}, \mathfrak{v})$$

d. h. die GP sind mit den SP identisch.

[1] $(\mathfrak{w}, \mathfrak{v})$ steht an Stelle der korrekteren Schreibweise $\binom{\mathfrak{w}}{\mathfrak{v}} = (\mathfrak{w}^T, \mathfrak{v}^T)^T$.

[2] In [3] wurde dafür »dominiert streng« gesagt. Die schwache Dominanz (d. h. für einen der Spieler ist in (2) das Gleichheitszeichen zugelassen) wird hier aber nicht gebraucht.

Die folgende Definition entsteht durch eine Verallgemeinerung des Minimaxtheorems und ist in leicht veränderter Form aus [3] entnommen:

Definition der verallgemeinerten Sattelpunkte : $(\overset{*}{w}, \overset{*}{v}) \in SP : \leftrightarrow (\overset{*}{w}, \overset{*}{v}) \in GP$ und

(6a) $$\bigwedge_v [[\bigwedge_w \varepsilon_A(\tilde{w}, v) \geqq \varepsilon_A(w, v)] \rightarrow \varepsilon_B(\tilde{w}, v) \leqq \varepsilon_B(\overset{*}{w}, \overset{*}{v})]$$

sowie entsprechend

(6b) $$\bigwedge_w [[\bigwedge_v \varepsilon_B(w, \tilde{v}) \geqq \varepsilon_B(w, v)] \rightarrow \varepsilon_A(w, \tilde{v}) \leqq \varepsilon_A(\overset{*}{w}, \overset{*}{v})]$$

Also ist immer SP $\subset$ GP. Die SP im NSS (wie auch die GP in den zu NSS äquivalenten Spielen) sind zugleich verallgemeinerte SP.
Denn $\bigwedge_w \varepsilon_A(\tilde{w}, v) \geqq \varepsilon_A(w, v) \rightarrow \varepsilon_A(\tilde{w}, v) \geqq \varepsilon_A(\overset{*}{w}, v) = - \varepsilon_B(\overset{*}{w}, v) \rightarrow \varepsilon_B(\tilde{w}, v) \leqq \varepsilon_B(\overset{*}{w}, v) \leqq \varepsilon_B(\overset{*}{w}, \overset{*}{v})$. Ebenso folgt (6b).
Aus dem Satz von Nash, daß jedes Spiel einen GP hat, folgt insbesondere, daß jedes NSS einen SP hat. Daraus ergibt sich z. B. mit (6a) und (6b) dann die Gültigkeit des Minimax-Theorems in den SP:

(7) $$\min_v \max_w \varepsilon_A(w, v) = \max_w \min_v \varepsilon_A(w, v) = \varepsilon_A(\overset{*}{w}, \overset{*}{v})$$

Denn mit $\varepsilon_B = - \varepsilon_A$ lautet (6a)

$$\bigwedge_v \varepsilon_A(\tilde{w}, v) = \max_w \varepsilon_A(w, v) \rightarrow \varepsilon_A(\tilde{w}, v) \geqq \varepsilon_A(\overset{*}{w}, \overset{*}{v})$$

Da nach (4) aber $\varepsilon_A(\tilde{w}, \overset{*}{v}) = \varepsilon_A(\overset{*}{w}, \overset{*}{v})$ gilt, folgt $\min_v \max_w \varepsilon_A(w, v) = \varepsilon_A(\overset{*}{w}, \overset{*}{v})$. Der andere Teil von (7) ergibt sich entsprechend aus (6b).

Die erste Gleichheit in (7) gilt natürlich auch in allgemeinen Spielen, jedoch wird dieser Minimaxwert i. a. nicht in einem GP $(\overset{*}{w}, \overset{*}{v})$ angenommen. Dafür hat man dann folgende

Definition defensiver und präventiver Strategien :

$\bar{w}$ heißt defensive Strategie des Spielers A und $\hat{v}$ präventive Strategie von B, wenn

(8a) $$\varepsilon_A(\bar{w}, \hat{v}) = \max_w \min_v \varepsilon_A(w, v) = \min_v \max_w \varepsilon_A(w, v)$$

gilt, d. h. wenn $(\bar{w}, \hat{v})$ ein SP im NSS $[\mathfrak{A}, -\mathfrak{A}]$ ist. Entsprechend ist $\hat{w}$ präventive Strategie von A und $\bar{v}$ defensive Strategie von B, wenn

(8b) $$\varepsilon_B(\hat{w}, \bar{v}) = \min_w \max_v \varepsilon_B(w, v) = \max_v \min_w \varepsilon_B(w, v)$$

gilt, d. h. wenn $(\hat{w}, \bar{v})$ ein SP von $[-\mathfrak{B}, \mathfrak{B}]$ ist.

Im NSS ist natürlich $\bar{w} = \hat{w} = \overset{*}{w}$ und $\bar{v} = \hat{v} = \overset{*}{v}$.

Die Austauschbarkeitsbedingung von Nash [2] lautet:

(9) $$(\overset{*}{w}, \overset{*}{v}) \in GP \wedge (\tilde{w}, \tilde{v}) \in GP \rightarrow (\overset{*}{w}, \tilde{v}) \in GP$$

Durch Vertauschung der Prämissen ergibt sich ebenso $(\tilde{w}, \overset{*}{v}) \in GP$.

Die Gleichwertigkeitsbedingung lautet:

(10) $$(\overset{*}{w}, \overset{*}{v}) \in GP \wedge (\tilde{w}, \tilde{v}) \in GP \rightarrow \varepsilon_A(\overset{*}{w}, \overset{*}{v}) = \varepsilon_A(\tilde{w}, \tilde{v}) \wedge \varepsilon_B(\overset{*}{w}, \overset{*}{v}) = \varepsilon_B(\tilde{w}, \tilde{v})$$

Aus (5) ergibt sich sofort, daß im NSS die Austauschbarkeitsbedingung und die Gleichwertigkeitsbedingung immer erfüllt sind. Für $(\overset{*}{w}, \overset{*}{v}) \in \mathrm{SP}$ kann daher $\overset{*}{\lambda} = \varepsilon_A(\overset{*}{w}, \overset{*}{v}) = -\overset{*}{\mu} = -\varepsilon_B(\overset{*}{w}, \overset{*}{v})$ als Wert des Spiels $[\mathfrak{A}, -\mathfrak{A}]$ bzw. als Wert der Matrix $\mathfrak{A}$ bezeichnet werden. Dieser Wert wird mit $W(\mathfrak{A})$ bezeichnet.

Da strategisch äquivalente Spiele nicht unterschieden werden müssen, kann man für die Beweise eine bequeme »Normierung« des Spiels bezüglich eines bestimmten $(\overset{*}{w}, \overset{*}{v}) \in \mathrm{GP}$ vornehmen, indem man

$$\tilde{a}_{ij} = a_{ij} - \overset{*}{\lambda} = a_{ij} - \varepsilon_A(\overset{*}{w}, \overset{*}{v}), \quad \tilde{b}_{ij} = b_{ij} - \overset{*}{\mu} = b_{ij} - \varepsilon_B(\overset{*}{w}, \overset{*}{v})$$

setzt. In dem Spiel $[\tilde{\mathfrak{A}}, \tilde{\mathfrak{B}}]$ gilt dann für diesen GP

$$\overset{*}{\lambda} = \overset{*}{\mu} = 0, \text{ d. h. } \varepsilon_A(\overset{*}{w}, \overset{*}{v}) = \varepsilon_B(\overset{*}{w}, \overset{*}{v}) = 0. \tag{11}$$

Insbesondere braucht man nur NSS vom Werte Null zu betrachten. Ist $(\overset{*}{w}, \overset{*}{v})$ ein innerer GP, so gilt statt (11) sogar

$$\bigwedge_{w,v} \varepsilon_A(w, \overset{*}{v}) = \varepsilon_B(\overset{*}{w}, v) = 0 \tag{12}$$

Denn z. B. für A ist wegen (4) $\sum_j a_{ij} \overset{*}{v}_j \leqq \varepsilon_A(\overset{*}{w}, \overset{*}{v})$, sowie $\sum_j a_{ij} \overset{*}{v}_j < \varepsilon_A(\overset{*}{w}, \overset{*}{v}) \rightarrow \overset{*}{w}_i = 0$.

Quasi-Nullsummenspiele

Ein Quasi-Nullsummenspiel (QNSS) ist ein Spiel $[\mathfrak{A}, \mathfrak{B}]$, dessen Matrizen $\mathfrak{A}, \mathfrak{B}$ folgendermaßen aus Untermatrizen $\mathfrak{A}_1, \ldots, \mathfrak{A}_r$ aufgebaut sind:

$$\mathfrak{A} = \begin{pmatrix} \mathfrak{A}_1 & & 0 \\ & \mathfrak{A}_2 & \\ & & \ddots \\ 0 & & & \mathfrak{A}_r \end{pmatrix}, \quad \mathfrak{B} = \begin{pmatrix} -\delta_1\mathfrak{A}_1 & & 0 \\ & -\delta_2\mathfrak{A}_2 & \\ & & \ddots \\ 0 & & & -\delta_r\mathfrak{A}_r \end{pmatrix} \tag{13}$$

wo die δ_k sämtlich verschiedene positive reelle Zahlen sind und wo jedes $\mathfrak{A}_k$ eine von 0 verschiedene Matrix von m_k Zeilen und n_k Spalten ist mit $\sum_{k=1}^{r} m_k = m$ und $\sum_{k=1}^{r} n_k = n$.
Alle Elemente, die zu einer Zeile einer Untermatrix $\mathfrak{A}_k$ und einer Spalte einer anderen Untermatrix $\mathfrak{A}_l$ gehören, sind also gleich Null. Die Matrizen $\mathfrak{A}_k$ brauchen natürlich nicht auf der Diagonale zu stehen.

Definiert man $\mathfrak{D}_m$ bzw. $\mathfrak{D}_n$ als m-reihige bzw. n-reihige Diagonalmatrix

$$\mathfrak{D}_m = \begin{pmatrix} \delta_1 & & & & & & & 0 \\ & \ddots & & & & & & \\ & & \delta_1 & & & & & \\ & & & \delta_2 & & & & \\ & & & & \ddots & & & \\ & & & & & \delta_2 & & \\ & & & & & & \delta_r & \\ & & & & & & & \ddots \\ 0 & & & & & & & & \delta_r \end{pmatrix} \quad (\text{bzw.} = \mathfrak{D}_n) \tag{14}$$

wo δ_k jeweils m_k-fach bzw. n_k-fach auftritt, so gilt auch

$$\mathfrak{B} = -\mathfrak{D}_m\mathfrak{A} = -\mathfrak{A}\mathfrak{D}_n \tag{15}$$

Ein QNSS heißt echt, wenn es zu keinem NSS strategisch äquivalent ist, d. h. wenn $r \geqq 2$.
Zur bequemeren Untersuchung dieser QNSS werde der zulässig normierte m-gliedrige Strategievektor w aufgespalten in die m_k-gliedrigen Teilvektoren $w^{(k)}$ mit $k \in \{1, \ldots, r\}$, entsprechend v in n_k-gliedrige Teilvektoren $v^{(k)}$. Es ist also

$$w = \begin{pmatrix} w^{(1)} \\ w^{(2)} \\ \vdots \\ w^{(r)} \end{pmatrix} \quad \text{und} \quad v = \begin{pmatrix} v^{(1)} \\ v^{(2)} \\ \vdots \\ v^{(r)} \end{pmatrix} \tag{16}$$

Ferner sei

$$s_k = \sum w^{(k)} \quad \text{und} \quad t_k = \sum v^{(k)} \tag{17}$$

wobei über diejenigen w_i bzw. v_j summiert wird, die in $w^{(k)}$ bzw. $v^{(k)}$ vorkommen.
Dann ist offenbar für die r-gliedrigen Vektoren $s = (s_1, \ldots, s_r)^T$ und $t = (t_1, \ldots, t_r)^T$

$$s > 0 \wedge \sum s = 1 \quad \text{und} \quad t > 0 \wedge \sum t = 1, \tag{18}$$

d. h. s und t sind wieder zulässig normierte Vektoren. Die Strategien im Unterspiel $[\mathfrak{A}_k, -\mathfrak{A}_k]$ [3] werden mit $\alpha^{(k)}$ und $\beta^{(k)}$ bezeichnet, $\overset{*}{\lambda}_k = W(\mathfrak{A}_k)$ ist der Wert dieses NSS.
Damit sind

$$w = \begin{pmatrix} s_1\alpha^{(1)} \\ \vdots \\ s_r\alpha^{(r)} \end{pmatrix} \quad \text{und} \quad v = \begin{pmatrix} t_1\beta^{(1)} \\ \vdots \\ t_r\beta^{(r)} \end{pmatrix} \tag{19}$$

wieder Strategien des Spiels $[\mathfrak{A}, \mathfrak{B}]$.

Für die Gewinnerwartungen erhält man

$$\varepsilon_A(w, v) = w^T\mathfrak{A}v = \sum_{k=1}^{r} w^{(k)T}\mathfrak{A}_k v^{(k)} \tag{20a}$$

$$\varepsilon_B(w, v) = -(\mathfrak{D}_m w)^T\mathfrak{A}v = -w^T\mathfrak{A}(\mathfrak{D}_n v) = -\sum_{k=1}^{r} \delta_k w^{(k)T}\mathfrak{A}_k v^{(k)} \tag{20b}$$

Hiermit erhält man nun leicht die folgenden Sätze über QNSS. (Für das NSS mit $\delta_1 = \delta_2 = \cdots = \delta_r = 1$ vgl. Mond [4].)

Satz 1: $(\overset{*}{w}, \overset{*}{v})$ ist genau dann ein GP im QNSS $[\mathfrak{A}, \mathfrak{B}]$, wenn $(\overset{*}{s}, \overset{*}{t})$ ein GP in dem speziellen QNSS $[\mathfrak{G}, \mathfrak{H}]$ ist, und zwar mit den Werten $\overset{*}{\lambda}, \overset{*}{\mu}$ des ursprünglichen Spiels, wobei

$$\mathfrak{G} = \begin{pmatrix} \overset{*}{\lambda}_1 & & & 0 \\ & \overset{*}{\lambda}_2 & & \\ & & \ddots & \\ 0 & & & \overset{*}{\lambda}_r \end{pmatrix}, \quad \mathfrak{H} = \begin{pmatrix} -\delta_1\overset{*}{\lambda}_1 & & & 0 \\ & -\delta_2\overset{*}{\lambda}_2 & & \\ & & \ddots & \\ 0 & & & -\delta_r\overset{*}{\lambda}_r \end{pmatrix} \tag{21}$$

[3] Eigentlich $[\mathfrak{A}_k, -\delta_k\mathfrak{A}_k]$.

mit $\overset{*}{\lambda}_k = W(\mathfrak{A}_k)$, und wenn im Falle $\overset{*}{s}_k > 0 \wedge \overset{*}{t}_k > 0$

$$(\overset{*}{\alpha}^{(k)}, \overset{*}{\beta}^{(k)}) = \left(\frac{1}{\overset{*}{s}_k} \overset{*}{w}^{(k)}, \frac{1}{\overset{*}{t}_k} \overset{*}{v}^{(k)}\right)$$

ein Sattelpunkt im Unterspiel $[\mathfrak{A}_k, -\mathfrak{A}_k]$ ist. Dann gilt ferner

$$\varepsilon_A(\overset{*}{w}, \overset{*}{v}) = \sum_{k=1}^{r} \overset{*}{w}^{(k)T} \mathfrak{A}_k \overset{*}{v}^{(k)} = \sum_{k=1}^{r} \overset{*}{s}_k \overset{*}{t}_k \overset{*}{\lambda}_k = \overset{*}{\lambda} \tag{22a}$$

$$\varepsilon_B(\overset{*}{w}, \overset{*}{v}) = -\sum_{k=1}^{r} \delta_k \overset{*}{w}^{(k)T} \mathfrak{A}_k \overset{*}{v}^{(k)} = -\sum_{k=1}^{r} \delta_k \overset{*}{s}_k \overset{*}{t}_k \overset{*}{\lambda}_k = \overset{*}{\mu} \tag{22b}$$

Gilt insbesondere $\overset{*}{\lambda}_1 = \cdots = \overset{*}{\lambda}_r = 0$, so sind demnach $\overset{*}{s}, \overset{*}{t}$ beliebige zulässig normierte Vektoren.

Beweis: Hält man in (22) bis auf ein Paar, z. B. $\overset{*}{w}^{(1)}, \overset{*}{v}^{(1)}$ sämtliche übrigen $\overset{*}{w}^{(k)}, \overset{*}{v}^{(k)}$ konstant, so sieht man, daß im Falle $\overset{*}{w}^{(1)} \neq 0$ und $\overset{*}{v}^{(1)} \neq 0$ diese Teilvektoren proportional irgendwelchen SP-Strategien $\overset{*}{\alpha}^{(1)}, \overset{*}{\beta}^{(1)}$ von $[\mathfrak{A}_1, -\mathfrak{A}_1]$ sein müssen, d. h. es ist $\overset{*}{w}^{(1)} = \overset{*}{s}_1 \overset{*}{\alpha}^{(1)}$ und $\overset{*}{v}^{(1)} = \overset{*}{t}_1 \overset{*}{\beta}^{(1)}$. Das gilt natürlich auch für jedes andere $k \in \{1, \ldots, r\}$. Weiter ist $\overset{*}{w}^{(k)T} \mathfrak{A}_k \overset{*}{v}^{(k)} = \overset{*}{s}_k \overset{*}{t}_k \overset{*}{\lambda}_k$, womit sich der zweite Teil von (22a) ergibt, ebenso (22b). Offenbar muß wegen (22) dann auch $(\overset{*}{s}, \overset{*}{t}) \in$ GP von $[\mathfrak{G}, \mathfrak{H}]$ sein. Ist umgekehrt $(\overset{*}{s}, \overset{*}{t}) \in$ GP von $[\mathfrak{G}, \mathfrak{H}]$ und $(\overset{*}{\alpha}^{(k)}, \overset{*}{\beta}^{(k)}) \in$ GP von $[\mathfrak{A}_k, -\mathfrak{A}_k]$ für $k \in \{1, \ldots, r\}$, so ist zu zeigen, daß

$$\overset{*}{w} = \begin{pmatrix} \overset{*}{s}_1 \overset{*}{\alpha}^{(1)} \\ \vdots \\ \overset{*}{s}_r \overset{*}{\alpha}^{(r)} \end{pmatrix} \quad \text{und} \quad \overset{*}{v} = \begin{pmatrix} \overset{*}{t}_1 \overset{*}{\beta}^{(1)} \\ \vdots \\ \overset{*}{t}_r \overset{*}{\beta}^{(r)} \end{pmatrix} \tag{23}$$

einen $(\overset{*}{w}, \overset{*}{v}) \in$ GP von $[\mathfrak{A}, \mathfrak{B}]$ bilden. Dazu sei $\overset{*}{v}$ konstant gehalten. Bei einer Änderung von $\overset{*}{w}$ können die $\overset{*}{\alpha}^{(k)}$ und $\overset{*}{s}$ geändert werden. Ersetzt man aber die $\overset{*}{\alpha}^{(k)}$ durch irgendwelche zulässig normierten $\alpha^{(k)}$, so wird $\overset{*}{\lambda}_k$ in (22a) durch $\lambda_k = \alpha^{(k)T} \mathfrak{A}_k \overset{*}{\beta}^{(k)} \leqq \overset{*}{\lambda}_k$ ersetzt, und somit gilt für jedes zulässig normierte s wegen der Optimalität von $\overset{*}{s}$

$$\varepsilon_A(w, \overset{*}{v}) = \sum_{k=1}^{r} s_k \overset{*}{t}_k \lambda_k \leqq \sum_{k=1}^{r} s_k \overset{*}{t}_k \overset{*}{\lambda}_k \leqq \sum_{k=1}^{r} \overset{*}{s}_k \overset{*}{t}_k \overset{*}{\lambda}_k = \varepsilon_A(\overset{*}{w}, \overset{*}{v}),$$

was zu zeigen war.

Satz 2: Im QNSS ist genau dann $\overset{*}{\lambda} = \overset{*}{\mu} = 0$ für jeden GP, wenn wenigstens ein Unterspiel $[\mathfrak{A}_k, -\mathfrak{A}_k]$ den Wert $\overset{*}{\lambda}_k = 0$ hat oder wenn es wenigstens ein Unterspiel mit positivem und eins mit negativem Wert gibt.
In den anderen Fällen, wenn also alle Werte $\overset{*}{\lambda}_k$ positiv oder alle negativ sind, gilt für die Werte $\overset{*}{\lambda}, \overset{*}{\mu}$ eines beliebigen GP die Formel

$$\frac{1}{\overset{*}{\lambda}} = \sum_{k=1}^{r} \frac{1}{\overset{*}{\lambda}_k}; \quad \frac{1}{\overset{*}{\mu}} = -\sum_{k=1}^{r} \frac{1}{\delta_k \overset{*}{\lambda}_k} \tag{24}$$

Beweis:
Gibt es ein $\overset{*}{\lambda}_k = 0$ oder gibt es positive und negative $\overset{*}{\lambda}_k$, so folgt aus (22)

$$\overset{*}{\lambda}_k < 0 \rightarrow \overset{*}{s}_k = 0, \; \overset{*}{\lambda}_k > 0 \rightarrow \overset{*}{t}_k = 0 \tag{25}$$

und daraus ergibt sich $\overset{*}{\lambda} = \overset{*}{\mu} = 0$. Umgekehrt sind auch alle (25) genügenden Strategien $\overset{*}{s}$ und $\overset{*}{t}$ optimal.

Haben hingegen alle $\overset{*}{\lambda}_k$ gleiches Vorzeichen, so kann das Spiel $[\mathfrak{G}, \mathfrak{H}]$ in (21) nur innere GP haben. Denn sei etwa $\bigwedge_k \overset{*}{\lambda}_k > 0$, so folgt aus (22) wegen der Optimalität von $\overset{*}{s}$ für A: $\overset{*}{t}_k = 0 \rightarrow \overset{*}{s}_k = 0$, d. h. $\overset{*}{s}_k > 0 \rightarrow \overset{*}{t}_k > 0$. Deshalb ist nun $\overset{*}{\lambda} > 0$ und $\overset{*}{\mu} < 0$. Wegen der Optimalität für B gilt aber $\bigvee_l \overset{*}{s}_l = 0 \rightarrow (\overset{*}{s}_k > 0 \rightarrow \overset{*}{t}_k = 0)$, was nicht sein kann. Also kann es kein $\overset{*}{s}_k = 0$ geben, ebenso auch kein $\overset{*}{t}_k = 0$.

Für einen inneren GP $(\overset{*}{s}, \overset{*}{t})$ von $[\mathfrak{G}, \mathfrak{H}]$ gilt $\bigwedge_k \overset{*}{t}_k \overset{*}{\lambda}_k = \overset{*}{\lambda}$, d. h.

$$\text{(26)} \qquad \overset{*}{t}_k = \frac{\overset{*}{\lambda}}{\overset{*}{\lambda}_k}, \text{ ebenso } \overset{*}{s}_k = -\frac{\overset{*}{\mu}}{\delta_k \overset{*}{\lambda}_k}$$

Wegen $\sum \overset{*}{t} = 1$ und $\sum \overset{*}{s} = 1$ ergibt das (24).

Satz 3: Im QNSS gilt immer die Austauschbarkeitsbedingung und die Gleichwertigkeitsbedingung.

Beweis: Die Gleichwertigkeitsbedingung ist ein Teil von Satz 2. Die Austauschbarkeitsbedingung ist wegen Satz 1 nur noch für das Spiel $[\mathfrak{G}, \mathfrak{H}]$ nachzuweisen:

Ist $\overset{*}{\lambda} = 0$, so sind die Gleichgewichtsstrategien $\overset{*}{s}$ und $\overset{*}{t}$ durch (25) unabhängig voneinander bestimmt. Ist aber $\overset{*}{\lambda} \neq 0$, so hat $[\mathfrak{G}, \mathfrak{H}]$ nur einen einzigen GP, der durch (26) bestimmt ist.

Jedes QNSS hat also eindeutig ein Wertepaar $\overset{*}{\lambda}, \overset{*}{\mu}$. Im Falle $\overset{*}{\lambda} = \overset{*}{\mu} = 0$ heißt das Spiel ein *QNSS vom Werte Null*. Existiert in diesem ein innerer GP, so heißt es ein *QNSS vom inneren Werte Null*.

Satz 3a: Die GP $(\overset{*}{w}, \overset{*}{v})$ eines QNSS $[\mathfrak{A}, \mathfrak{B}]$ vom Werte Null sind genau die SP des NSS $[\mathfrak{A}, -\mathfrak{A}]$.

Beweis: $[\mathfrak{A}, -\mathfrak{A}]$ entsteht aus $[\mathfrak{A}, \mathfrak{B}]$, indem alle δ_k durch 1 ersetzt werden. Die durch (25) bestimmten GP-Strategien $\overset{*}{s}, \overset{*}{t}$ und somit nach Satz 1 auch $\overset{*}{w}, \overset{*}{v}$ hängen offensichtlich nicht von den δ_k ab.

Satz 4: In einem QNSS vom Werte Null gilt das Minimaxtheorem (7) in den GP, d. h. nach den Definitionen (8a) und (8b), daß die GP-Strategien identisch sind mit den defensiven bzw. präventiven Strategien.

Beweis: Satz 3a.

Satz 5: In einem QNSS vom Werte Null sind sämtliche GP auch verallgemeinerte SP.

Beweis: Für $(\overset{*}{w}, \overset{*}{v}) \in$ GP gilt $\varepsilon_A(\overset{*}{w}, \overset{*}{v}) = \varepsilon_B(\overset{*}{w}, v) = 0$ nach Voraussetzung. Es ist zu zeigen, daß (6a) bzw. (6b) erfüllt ist. Zur Abkürzung sei bei konstantem v $\mathfrak{A}v = \mathfrak{a} = (a_1, \ldots, a_m)^T$ gesetzt. Nach (20a), (20b) ist

$$\varepsilon_A(w, v) = w^T \mathfrak{a}, \quad \varepsilon_B(w, v) = -(\mathfrak{D}_m w)^T \mathfrak{A} v = -(\mathfrak{D}_m w)^T \mathfrak{a}.$$

Daher ist zu beweisen

$$\bigwedge_w \tilde{w}^T \mathfrak{a} \geqq w^T \mathfrak{a} \rightarrow (\mathfrak{D}_m \tilde{w})^T \mathfrak{a} \geqq 0.$$

Nun ist $\tilde{w}^T \mathfrak{a} = a = \max_i a_i$, und aus der GP-Eigenschaft $(\mathfrak{D}_m \overset{*}{w})^T \mathfrak{a} = -\varepsilon_B(\overset{*}{w}, v) \geqq 0$ folgt sofort $\tilde{w}^T \mathfrak{a} \geqq 0$. Wegen der Maximalität von $\tilde{w}^T \mathfrak{a}$ ist nur dann $\tilde{w}_i > 0$, wenn $a_i = a$ maximal und somit nichtnegativ ist, und $\tilde{w}_i > 0$ ist gleichbedeutend mit $(\mathfrak{D}_m \tilde{w})_i > 0$. Damit ist alles bewiesen.
Bis dahin hat das QNSS vom Werte Null praktisch dieselben Eigenschaften wie ein Nullsummenspiel. Dagegen gilt

Satz 6: In einem echten QNSS vom inneren Werte Null werden die GP stets dominiert, d. h. es gibt Punkte, in denen ε_A und ε_B zugleich positiv sind.

Beweis:

1. Ist $[\mathfrak{A}, -\mathfrak{A}]$ ein nichttriviales NSS vom Werte Null, das wenigstens einen inneren SP hat, so gibt es in $\mathfrak{A}$ sowohl positive als auch negative Elemente.

Denn andernfalls wäre für den inneren SP $(\overset{*}{w}, \overset{*}{v})$

$$\bigwedge_w \varepsilon_A(w, \overset{*}{v}) = \varepsilon_A(\overset{*}{w}, \overset{*}{v}) = 0, \text{ d. h. } \bigwedge_i \sum_j a_{ij} \overset{*}{v}_j = 0,$$

woraus wegen $\bigwedge_{ij} a_{ij} \geqq 0$ und $\overset{*}{v} > 0$ sogar $\bigwedge_{ij} a_{ij} = 0$ folgen würde.

2. Das echte QNSS enthält wenigstens zwei solcher Unterspiele $[\mathfrak{A}_k, -\delta_k \mathfrak{A}_k]$ mit verschiedenen δ_k. Nun sei o. B. d. A.
$\delta_1 < \delta_2$, a_1 ein positives Element von $\mathfrak{A}_1$ und $-a_2$ ein negatives Element von $\mathfrak{A}_2$. Man betrachte das kleinste Unterspiel von $[\mathfrak{A}, \mathfrak{B}]$, das die Punkte $(a_1, -\delta_1 a_1)$ und $(-a_2, \delta_2 a_2)$ enthält. Dessen Matrizen sind

$$\begin{pmatrix} a_1 & 0 \\ 0 & -a_2 \end{pmatrix} \text{ und } \begin{pmatrix} -\delta_1 a_1 & 0 \\ 0 & \delta_2 a_2 \end{pmatrix}$$

In diesem Unterspiel gibt es Punkte, in denen ε_A und ε_B zugleich positiv sind. Es ist nämlich mit $v_2 = 1 - v_1$

$$\varepsilon_A(w, v) = a_1 w_1 v_1 - a_2 w_2 v_2 = (a_1 w_1 + a_2 w_2)\, v_1 - a_2 w_2$$
$$\varepsilon_B(w, v) = -\delta_1 a_1 w_1 v_1 + \delta_2 a_2 w_2 v_2 = -(\delta_1 a_1 w_1 + \delta_2 a_2 w_2)\, v_1 + \delta_2 a_2 w_2$$

Beide Terme sind genau dann positiv, wenn

$$v_1 > \frac{a_2 w_2}{a_1 w_1 + a_2 w_2} \quad \text{und} \quad v_1 < \frac{\delta_2 a_2 w_2}{\delta_1 a_1 w_1 + \delta_2 a_2 w_2}$$

gilt.

Für $w_1 > 0$, $w_2 > 0$ und wegen $\frac{\delta_1}{\delta_2} < 1$ existieren aber solche v_1 mit $0 < v_1 < 1$, weil

$$0 < \frac{a_2 w_2}{a_1 w_1 + a_2 w_2} < \frac{\delta_2 a_2 w_2}{\delta_1 a_1 w_1 + \delta_2 a_2 w_2} = \frac{a_2 w_2}{\frac{\delta_1}{\delta_2} a_1 w_1 + a_2 w_2} < 1$$

gilt.

Dieses letzte Ergebnis wird besonders anschaulich, wenn man das Auszahlungsdiagramm des QNSS aufzeichnet.

In einem rechtwinkligen Koordinatensystem werden die im Spiel vorkommenden Punkte mit der Abszisse ε_A und der Ordinate ε_B eingetragen. Die Menge aller dieser Punkte bildet das Auszahlungsdiagramm.
Die nichttrivialen Unterspiele $[\mathfrak{A}_k, -\delta_k \mathfrak{A}_k]$ mit innerem Werte Null werden dabei dargestellt durch Strecken mit dem Anstieg $-\delta_k$, die den Nullpunkt $\varepsilon_A = \varepsilon_B = 0$ enthalten, und deren Endpunkte durch ein maximales und ein minimales Element von $\mathfrak{A}_k$ bestimmt sind. Alle übrigen Punkte des Diagramms für das QNNS erhält man, indem man entsprechende Punkte, die zu den verschiedenen Unterspielen gehören, miteinander verbindet. Wegen weiterer Einzelheiten vgl. André [5].
Besonders einfach geht das im Falle $r = 2$, also bei nur zwei Unterspielen $[\mathfrak{A}_k, -\delta_k \mathfrak{A}_k]$. Als Beispiel sei das folgende echte QNSS vom inneren Werte Null betrachtet:

$$\mathfrak{A} = \begin{pmatrix} \mathfrak{A}_1 & 0 \\ 0 & \mathfrak{A}_2 \end{pmatrix} \quad \mathfrak{B} = \begin{pmatrix} -0{,}5\,\mathfrak{A}_1 & 0 \\ 0 & -2\,\mathfrak{A}_2 \end{pmatrix}$$

mit

$$\mathfrak{A}_1 = \begin{pmatrix} 1 & 2 & -3 \\ 2 & -1 & -1 \\ -6 & -2 & 8 \end{pmatrix}, \quad \mathfrak{A}_2 = \begin{pmatrix} 3 & -2 \\ -3 & 2 \end{pmatrix}$$

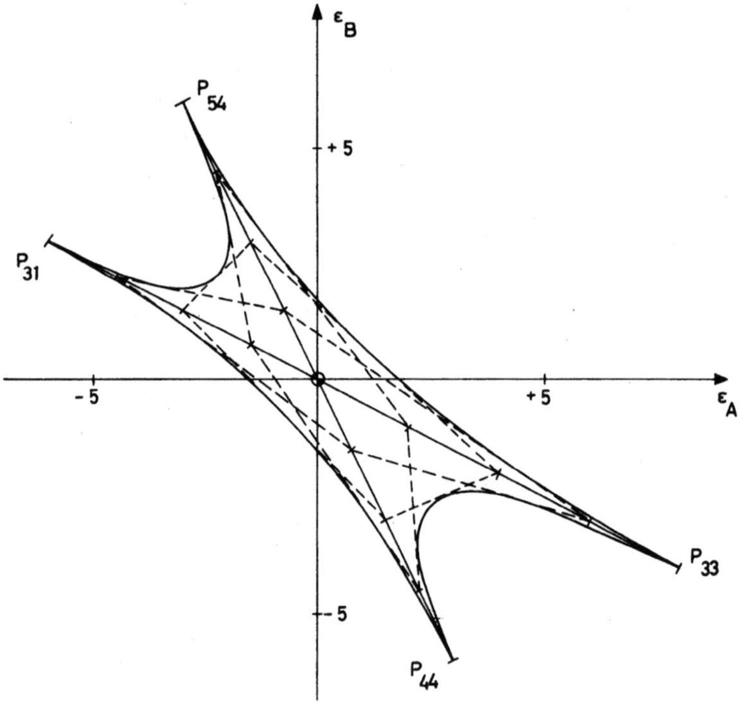

Die SP-Strategien in den Unterspielen $[\mathfrak{A}_k, -\mathfrak{A}_k]$ sind

$$\overset{*}{\alpha}{}^{(1)} = \left(\frac{2}{5}, \frac{2}{5}, \frac{1}{5}\right); \quad \overset{*}{\beta}{}^{(1)} = \left(\frac{1}{3}, \frac{1}{3}, \frac{1}{3}\right)$$

$$\overset{*}{\alpha}{}^{(2)} = \left(\frac{1}{2}, \frac{1}{2}\right); \quad \overset{*}{\beta}{}^{(2)} = \left(\frac{2}{5}, \frac{3}{5}\right)$$

woraus sich sämtliche GP-Strategien des QNSS $[\mathfrak{A}, \mathfrak{B}]$ ergeben, nämlich

$$\overset{*}{w} = \begin{pmatrix} s_1 \overset{*}{\alpha}^{(1)} \\ s_2 \overset{*}{\alpha}^{(2)} \end{pmatrix}, \quad \overset{*}{v} = \begin{pmatrix} t_1 \overset{*}{\beta}^{(1)} \\ t_2 \overset{*}{\beta}^{(2)} \end{pmatrix}$$

mit $s_1 \geqq 0$, $s_2 \geqq 0$, $t_1 \geqq 0$, $t_2 \geqq 0$ und $s_1 + s_2 = t_1 + t_2 = 1$, sonst aber beliebig.

Im Auszahlungsdiagramm bedeutet $P_{ij} = (a_{ij}; b_{ij})$. Für jedes der Unterspiele sind nur die extremen Punkte gekennzeichnet. Die Menge aller Auszahlungspunkte des Spiels wird durch vier Parabelstücke berandet.

Dominierte innere Gleichgewichtspunkte bei Bimatrix-Spielen

Mit Hilfe der QNSS läßt sich nun folgender Satz beweisen:

Satz 7: Hat ein (nichttriviales) Spiel (mindestens) einen undominierten inneren GP, so ist es zu einem NSS strategisch äquivalent.

Beweis: Es wird gezeigt, daß ein Spiel mit undominiertem innerem GP einem QNSS vom inneren Werte Null strategisch äquivalent ist. Dieses kann aber dann nach Satz 6 nicht echt sein, d. h. es ist sogar einem NSS äquivalent.
Zum Beweis werden die Hilfssätze B bis E aus KRELLE-COENEN [3] herangezogen. Sie lauten:

Hilfssatz B: $w > 0 \wedge v > 0 \wedge \varepsilon_A(w, v) = 0$, so gibt es in jeder Umgebung U von (w, v) einen Punkt (w', v') mit $\varepsilon_A(w', v') > 0$ sowie einen Punkt (w'', v'') mit $\varepsilon_A(w'', v'') < 0$. Die gleiche Aussage gilt natürlich für ε_B.

Hilfssatz C: Sei $(\overset{*}{w}, v)$ ein undominierter innerer GP mit $\varepsilon_A(\overset{*}{w}, \overset{*}{v}) = \varepsilon_B(\overset{*}{w}, \overset{*}{v}) = 0$, so gilt neben (12) auch

$$\bigwedge_{w, v} \varepsilon_A(\overset{*}{w}, v) = \varepsilon_B(w, \overset{*}{v}) = 0$$

Hilfssatz D: Ist $(\overset{*}{w}, \overset{*}{v})$ ein innerer GP, so gilt

$$\bigvee_{w, v} (w, v) \cdot\!> (\overset{*}{w}, \overset{*}{v}) \leftrightarrow \bigvee_{w, v} (\overset{*}{w}, \overset{*}{v}) \cdot\!> (w, v)$$

Hilfssatz E: Ist $(\overset{*}{w}, \overset{*}{v})$ ein undominierter innerer GP mit $\varepsilon_A(\overset{*}{w}, \overset{*}{v}) = \varepsilon_B(\overset{*}{w}, \overset{*}{v}) = 0$, so gilt

$$\bigwedge_{w, v} \varepsilon_A(w, v) > 0 \leftrightarrow \varepsilon_B(w, v) < 0$$

Aus dem letzten Hilfssatz folgt bei gleichen Voraussetzungen

$$\bigwedge_{ij} a_{ij} \gtreqless 0 \leftrightarrow b_{ij} \lesseqgtr 0,$$

wobei rechts wie links zugleich das obere, das mittlere oder das untere Zeichen steht. Daraus folgt aber (wie in [3] bewiesen) die Existenz einer Diagonalmatrix

$$\mathfrak{D} = \begin{pmatrix} d_1 & & 0 \\ & d_2 & \\ & & \ddots \\ 0 & & d_m \end{pmatrix}$$

mit nur positiven d_i, so daß

(27) $$\mathfrak{B} = -\mathfrak{D}\mathfrak{A}, \text{ d. h. } \bigwedge_j b_{ij} = -d_i a_{ij}, d_i > 0$$

Ebenso existiert natürlich auch eine n-reihige Diagonalmatrix $\mathfrak{C}$ mit den positiven Diagonalelementen $c_1, \ldots, c_n$, so daß

(28) $$\mathfrak{B} = -\mathfrak{A}\mathfrak{C}, \text{ d. h. } \bigwedge_i b_{ij} = -c_j a_{ij}, c_j > 0$$

Gibt es in einer der Spielmatrizen $\mathfrak{A}$ oder $\mathfrak{B}$ Zeilen oder Spalten, die nur Nullen enthalten, so gilt nach (27) und (28) dasselbe für die entsprechenden Zeilen und Spalten der anderen Matrix. Also können die evtl. Nullzeilen und Nullspalten bei den weiteren Überlegungen ignoriert werden, d. h. man betrachtet nur das verbleibende normale Unterspiel. Man sieht leicht, daß dieses ebenfalls einen inneren GP mit den Werten Null haben muß.

In diesem Spiel gibt es zu jedem i ein j mit $a_{ij} \neq 0$ und nach (27) und (28) daher $d_i = c_j$, sowie umgekehrt auch zu jedem j ein i mit $a_{ij} \neq 0$ und daher $c_j = d_i$. Somit ist $\{d_1, \ldots, d_m\} = \{c_1, \ldots, c_n\}$, und nach geeigneter Umordnung der Zeilen und Spalten beider Matrizen ist

$$d_1 = d_2 = \cdots = d_{m_1} = c_1 = c_2 = \cdots = c_{n_1} = \delta_1 > 0$$

sowie für $k \in \{1, \ldots, r-1\}$

$$d_{m_k+1} = \cdots = d_{m_{k+1}} = c_{n_k+1} = \cdots = c_{n_{k+1}} = \delta_{k+1} > 0$$

wobei die (positiven) $\delta_1, \ldots, \delta_r$ alle verschieden sind. Dann muß wegen (27) und (28) aber offenbar $d_i \neq c_j \rightarrow a_{ij} = b_{ij} = 0$ gelten, also haben die Matrizen $\mathfrak{A}$ und $\mathfrak{B}$ die in (13) angegebene Gestalt, d. h. das Spiel ist ein QNSS. Damit ist Satz 7 bewiesen.

Literaturverzeichnis

[1] Neumann, J. von, Zur Theorie der Gesellschaftsspiele. Math. Annalen, **100**, 295–320 (1928).

[2] Nash, J., Non Cooperative Games. Annals of Mathematics, **54**, 286–295 (1951).

[3] Krelle, W., und D. Coenen, Das nichtkooperative Nichtnullsummen-Zwei-Personen-Spiel. Unternehmensforschung, **9**, 57–79 und 138–163 (1965).

[4] Mond, B., On the Direct Sum and Tensor Product of Matrix Games. Naval Research Logistics Quarterly, **11**, 205–215 (1964).

[5] André, J., Bemerkungen über allgemeine Zweipersonenspiele. In: Operations Research Verfahren, II, (Hrsg. Henn), Meisenheim/Glan (1965).

[6] Nitsche, J., Das Problem der Dominanz bei Zwei-Personen-Spielen. Vortrag, gehalten auf der 4. Jahrestagung der Deutschen Gesellschaft für Unternehmensforschung (DGU), Mannheim, Oktober 1965.

Dr. rer. nat. Jörg Blatter

Rheinisch-Westfälisches Institut für Instrumentelle Mathematik Bonn (IIM)

Zur Stetigkeit von mengenwertigen metrischen Projektionen

(Nr. 16 der Schriften des IIM · Serie A)

Inhalt

Einleitung und Terminologie 19

1. Topologien auf der Menge der nicht-leeren, abgeschlossenen, beschränkten Teilmengen eines metrischen Raumes 20

2. Mengenwertige metrische Projektionen in metrischen Räumen 23

3. Normierte reelle Vektorräume mit der Eigenschaft (*P*) 26

4. Zur Stetigkeit von mengenwertigen metrischen Projektionen im Raum $C([0,1])$ 33

5. Anhang: Ein Eindeutigkeitssatz 36

Literaturverzeichnis 38

Einleitung und Terminologie

Vor einigen Jahren stellte V. Klee [11] das Problem »Unter welchen Bedingungen hat eine Čebyšev-Menge A in einem normierten Vektorraum X eine stetige metrische Projektion (i. e. die Abbildung, die jedes Element von X auf sein eindeutig bestimmtes Element bester Approximation in A abbildet)?« und wies gleichzeitig auf die Bedeutung dieses Problems für das Problem der Konvexität von Čebyšev-Mengen hin.

Die Schwierigkeit des von V. Klee gestellten Problems wird ersichtlich aus der Tatsache, daß es bis heute unbekannt ist, ob eine Čebyšev-Menge in einem Hilbert-Raum eine stetige metrische Projektion hat. Beiträge zur Lösung des Problems wurden gegeben von V. Klee [11], der u. a. bewies, daß eine beschränkt kompakte (vgl. Abschnitt 2) Čebyšev-Menge in einem metrischen Raum und eine konvexe Čebyšev-Menge in einem uniform konvexen Banach-Raum eine stetige metrische Projektion hat, ferner von Ky Fan und I. Glicksberg [5] und I. Singer [20], der u. a. das allgemeinste Resultat in dieser Richtung bewies, nämlich daß eine approximativ kompakte Čebyšev-Menge in einem metrischen Raum eine stetige metrische Projektion hat (vgl. 2.3 Corollar (i)).

In der vorliegenden Arbeit wird das folgende allgemeinere (vgl. 1.3 Satz (v)) Problem behandelt. Sei X ein metrischer Raum. Auf der Menge $\mathrm{NAB}(X)$ aller nicht-leeren, abgeschlossenen, beschränkten Teilmengen von X können (vgl. Abschnitt 1) mit Hilfe der metrischen Topologie von X verschiedene Topologien definiert werden, die zur Definition verschiedener Stetigkeitsbegriffe wie Stetigkeit von oben, Stetigkeit von unten etc. für mengenwertige Abbildungen von X in $\mathrm{NAB}(X)$ Anlaß geben. Ist nun A eine proximinale (vgl. Abschnitt 2) Teilmenge von X, so ist die zu A gehörige metrische Projektion P_A, i. e. die Abbildung, die jedes Element von X auf die Menge seiner besten Approximierenden in A abbildet, eine Abbildung von X in $\mathrm{NAB}(X)$, und es kann daher das Problem gestellt werden, zu untersuchen, unter welchen Bedingungen P_A stetig ist bezüglich einer der auf $\mathrm{NAB}(X)$ definierten Topologien.

In Abschnitt 2 wird gezeigt, daß die zu einer proximinalen Teilmenge eines metrischen Raumes gehörige metrische Projektion zwar (nach Ergebnissen von K. Tatarkiewicz [21] und I. Singer [20]) unter verhältnismäßig schwachen Bedingungen stetig von oben, aber nicht einmal unter sehr viel stärkeren Bedingungen stetig von unten ist.

In Abschnitt 3 wird ein von A. L. Brown [1] gestelltes Problem aufgegriffen, nämlich Bedingungen zu finden, unter denen ein normierter Vektorraum die Eigenschaft hat, daß jeder endlich-dimensionale lineare Teilraum eine von unten stetige metrische Projektion hat, und es wird eine Klasse von normierten Vektorräumen angegeben, die diese Eigenschaft haben.

In Abschnitt 4 wird gezeigt, daß ein endlich-dimensionaler linearer Teilraum des Banach-Raumes aller auf dem Intervall [0,1] definierten stetigen reellwertigen Funktionen, ausgestattet mit der SUP-Norm, eine von unten stetige metrische Projektion hat genau dann, wenn er ein Čebyšev-Raum ist.

In einem Anhang (Abschnitt 5) wird ein Eindeutigkeitssatz bewiesen, der das Problem »Unter welchen Bedingungen ist eine proximinale konvexe Teilmenge eines normierten Vektorraumes eine Čebyšev-Menge?« reduziert auf das Problem »Unter welchen Bedingungen ist ein proximinaler linearer Teilraum eines normierten Vektorraumes eine Čebyšev-Menge?«.

Im Rest dieses Abschnittes werden einige in dieser Arbeit benutzte Bezeichnungen eingeführt. Sind M und N Mengen, so bezeichnet $M \setminus N$ die Menge der Elemente von M, die nicht in N sind. Sind x und y Elemente eines reellen linearen Raumes, so bezeichnen $[x,y]$, $[x,y[$, $]x,y]$, $]x,y[$ die Mengen

$$\{x + a(y - x) : 0 \leqq a \leqq 1\}, \ \{x + a(y - x) : 0 \leqq a < 1\},$$
$$\{x + a(y - x) : 0 < a \leqq 1\}, \ \{x + a(y - x) : 0 < a < 1\}.$$

Sind A und B Teilmengen eines reellen linearen Raumes X, und ist x in X, so bezeichnen $A + B$, $-A$, $A - B$, $x + A$ die Mengen $\{x + y : x \in A,\ y \in B\}$, $\{x : -x \in A\}$, $A + (-B)$, $\{x\} + A$. Grundsätzlich wird von allen auftretenden reellen linearen Räumen vorausgesetzt, daß sie mindestens ein-dimensional sind. Ist X ein metrischer Raum mit der Metrik d, K eine nicht-leere Teilmenge von X, x ein Element von X und a eine positive reelle Zahl, so bezeichnen $S(x, a)$, $B(x, a)$, $B(K, a)$ (wenn notwendig, um Verwechslungen zu vermeiden, auch $S_X(x, a)$, $B_X(x, a)$, $B_X(K, a)$) die Mengen $\{y \in X : d(x,y) = a\}$, $\{y \in X : d(x,y) \leqq a\}$, $\{y \in X : \text{INF} \{d(x,y) : x \in K\} \leqq a\}$ und $\text{INT}(K)$ bezeichnet das Innere von K. Ist K ein kompakter Hausdorff-Raum, so bezeichnet $C(K)$ den reellen Banach-Raum aller auf K definierten stetigen reellwertigen Funktionen, ausgestattet mit der SUP-Norm. Schließlich bezeichnet $\mathbf{N}$ die Menge der natürlichen Zahlen und $\mathbf{R}$, $\mathbf{R}^n$, $n = 2, 3, \ldots$ den reellen linearen Raum aller n-Tupel reeller Zahlen.

1. Topologien auf der Menge der nicht-leeren, abgeschlossenen, beschränkten Teilmengen eines metrischen Raumes

Ist X ein metrischer Raum, so wird (vgl. E. Michael [14; S. 179]) die Topologie der Stetigkeit von oben bzw. unten auf $\text{NAB}(X)$[1] dadurch erzeugt, daß man als Basis bzw. Sub-Basis für die offenen Mengen von $\text{NAB}(X)$ alle Mengen der Form $\{M \in \text{NAB}(X) : M \subset U\}$ bzw. $\{M \in \text{NAB}(X) : M \cap U \neq \varnothing\}$ wählt, wobei U eine offene Teilmenge von X ist.

Ist X ein metrischer Raum mit der Metrik d, so bezeichnen (vgl. F. Hausdorff [9; S. 145–146]) h, H die Abbildungen, die definiert sind durch

$$h(M, N) = \underset{p \in M}{\text{SUP}} \ \underset{q \in N}{\text{INF}} \, d(p, q)$$
$$H(M, N) = \text{SUP} \, \{h(M, N), h(N, M)\}$$

für M, N aus $\text{NAB}(X)$. H ist eine Metrik für $\text{NAB}(X)$ und heißt die Hausdorff-Metrik für $\text{NAB}(X)$. Die Topologie der Hausdorff-Stetigkeit von oben bzw. unten auf $\text{NAB}(X)$ wird dadurch erzeugt, daß man als Basis für den Umgebungsfilter eines Punktes N aus $\text{NAB}(X)$ alle Mengen der Form $\{M \in \text{NAB}(X) : h(M, N) < \varepsilon\}$ bzw. $\{M \in \text{NAB}(X) : h(N, M) < \varepsilon\}$ wählt, wobei ε eine positive reelle Zahl ist. Das Supremum dieser beiden Topologien im Verband aller Topologien auf $\text{NAB}(X)$ ist die durch die Hausdorff-Metrik H für $\text{NAB}(X)$ induzierte Topologie auf $\text{NAB}(X)$.

[1] $\text{NAB}(X)$ bezeichnet (vgl. Einleitung) die Menge aller nicht-leeren, abgeschlossenen, beschränkten Teilmengen des metrischen Raumes X.

Sind X und Y metrische Räume, so heißt eine Abbildung $F: X \to \mathrm{NAB}(Y)$ stetig von oben bzw. stetig von unten bzw. stetig, wenn sie stetig ist als Abbildung des topologischen Raumes X, ausgestattet mit seiner metrischen Topologie, in den topologischen Raum NAB(Y), ausgestattet mit der Topologie der Stetigkeit von oben bzw. mit der Topologie der Stetigkeit von unten bzw. mit dem Supremum dieser beiden Topologien im Verband aller Topologien auf NAB(Y)[2]. Nach Definition des Supremums zweier Topologien auf einer Menge ist also F stetig genau dann, wenn F sowohl stetig von oben als auch stetig von unten ist. Die Bezeichnungen »F ist Hausdorff-stetig von oben« bzw. »F ist Hausdorff-stetig von unten« bzw. »F ist Hausdorff-stetig« werden analog verwendet.

Zum Zusammenhang dieser Definitionen mit anderen Definitionen von »halb-stetigen mengenwertigen Abbildungen« vgl. die Angaben von E. Michael [14; S. 179].

Der folgende Satz folgt unmittelbar aus den involvierten Definitionen.

1.1 Satz Seien X und Y metrische Räume und sei F eine Abbildung von X in NAB(Y).

(i) F ist stetig von oben bzw. stetig von unten in einem Punkt x aus X genau dann, wenn es zu jeder offenen Teilmenge N von Y mit $F(x) \subset N$ bzw. $F(x) \cap N \neq \emptyset$ eine Umgebung M von x gibt so, daß $F(x') \subset N$ bzw. $F(x') \cap N \neq \emptyset$ für jedes x' aus M.

(ii) F ist stetig von oben bzw. stetig von unten genau dann, wenn die Menge $\{x \in X: F(x) \subset N\}$ offen ist für jede offene Teilmenge N von Y bzw. abgeschlossen ist für jede abgeschlossene Teilmenge N von Y. Diese Bedingungen sind offensichtlich äquivalent zu den folgenden: Die Menge $\{x \in X: F(x) \cap N \neq \emptyset\}$ ist abgeschlossen für jede abgeschlossene Teilmenge N von Y bzw. offen für jede offene Teilmenge N von Y.

(iii) F ist Hausdorff-stetig von oben bzw. Hausdorff-stetig von unten bzw. Hausdorff-stetig in einem Punkt x aus X genau dann, wenn für jede Folge $\{x_n : n \in \mathbf{N}\}$ in X mit $x_n \to x$ gilt: $h(F(x_n), F(x)) \to 0$ bzw. $h(F(x), F(x_n)) \to 0$ bzw. $H(F(x), F(x_n)) \to 0$.

Der folgende Satz beschreibt Zusammenhänge zwischen Hausdorff-Stetigkeit und Stetigkeit.

1.2 Satz Seien X und Y metrische Räume und sei F eine Abbildung von X in NAB(Y).

(i) Ist F stetig von oben in x aus X, so ist F Hausdorff-stetig von oben in x.

(ii) Ist F Hausdorff-stetig von unten in x aus X, so ist F stetig von unten in x.

(iii) Ist $F(x)$ kompakt in Y für jedes x aus X, so gelten die Umkehrungen von (i) und (ii)[3].

Zum Beweis dieses Satzes vgl. H. Hahn [8; S. 150].

Im folgenden Satz werden einige Eigenschaften von mengenwertigen Abbildungen zusammengestellt, die im Verlauf der Arbeit benutzt werden.

1.3 Satz Seien X und Y metrische Räume und sei F eine Abbildung von X in NAB(Y).

(i) Ist F stetig von oben, so ist $\bigcup_{x \in K} F(x)$ abgeschlossen in Y für jede kompakte Teilmenge K von X.

[2] Dieses Supremum heißt die »endliche« Topologie oder Vietoris-Topologie auf NAB(Y) (vgl. E. Michael [14; S. 153]).

[3] Es gilt sogar: Die Vietoris-Topologie und die Hausdorff-Metrik-Topologie sind gleich auf der Menge aller kompakten Teilmengen eines metrischen Raumes.

(ii) Ist F stetig von oben und $F(x)$ kompakt in Y für jedes x aus X, so ist $\bigcup_{x \in K} F(x)$ kompakt in Y für jede kompakte Teilmenge K von X.
(iii) Ist F Hausdorff-stetig und $F(x)$ kompakt in Y für jedes x aus X, so ist F gleichmäßig Hausdorff-stetig auf jeder kompakten Teilmenge von X.
(iv) Ist F stetig von oben bzw. Hausdorff-stetig von oben in einem Punkt x aus X und hat $F(x)$ genau ein Element, so ist F stetig bzw. Hausdorff-stetig in x.
(v) Die kanonische Injektion $i: Y \to \mathrm{NAB}(Y)$, definiert durch $i(y) = \{y\}$ für jedes y aus Y, ist eine Homöomorphie von Y, ausgestattet mit der metrischen Topologie, auf $i(Y)$, ausgestattet mit der durch die Vietoris-Topologie auf $\mathrm{NAB}(Y)$ induzierten Topologie, und eine Isometrie des metrischen Raumes Y in den mit der Hausdorff-Metrik ausgestatteten metrischen Raum $\mathrm{NAB}(Y)$. Daher sind für eine Abbildung f von X in Y die Aussagen »f ist stetig«, »$i \circ f$ ist stetig«, »$i \circ f$ ist Hausdorff-stetig« äquivalent.
(vi) Ist X vollständig, Y separabel, $F(x)$ kompakt in Y für jedes x aus X und F entweder stetig von oben oder stetig von unten, so ist die Menge der Stetigkeitspunkte von F dicht in X.
(vii) Ist Y ein Banach-Raum, $F(x)$ konvex für jedes x aus X und F stetig von unten, so gibt es eine Selection für F, i. e. eine stetige Abbildung f von X in Y so, daß $f(x) \in F(x)$ für jedes x aus X.
Zum Beweis von (i) und (ii) vgl. E. Michael [14; S. 180]. Zum Beweis von (iii) vgl. H. Hahn [8; S. 155]. (iv) und (v) folgen unmittelbar aus den involvierten Definitionen. Zum Beweis von (vi) bzw. (vii) vgl. M. K. Fort [6; S. 245] bzw. E. Michael [15; S. 233].

1.4 Satz Seien X und Y metrische Räume und sei F eine Abbildung von X in $\mathrm{NAB}(Y)$.
(i) $\mathrm{GRAPH}(F)$[4] ist abgeschlossen genau dann, wenn für jedes x aus X und jede Folge $\{x_n : n \in \mathbf{N}\}$ in X mit $x_n \to x$ gilt: Ist y aus Y und $\{y_n : n \in \mathbf{N}\}$ eine Folge in Y mit y_n aus $F(x_n)$ und $y_n \to y$, so ist y aus $F(x)$.
(ii) Ist F stetig von oben, so ist $\mathrm{GRAPH}(F)$ abgeschlossen.
(iii) F ist stetig von unten in x aus X genau dann, wenn für jede Folge $\{x_n : n \in \mathbf{N}\}$ in X mit $x_n \to x$ gilt: Ist y aus $F(x)$, so gibt es eine Folge $\{y_n : n \in \mathbf{N}\}$ in Y mit y_n aus $F(x_n)$ und $y_n \to y$.
Die Behauptung (i) folgt unmittelbar aus den involvierten Definitionen. Zum Beweis von (ii) und (iii) vgl. H. Hahn [8; S. 148–149].

Bemerkung: Die in 1.4 Satz (i) angegebene Bedingung dafür, daß $\mathrm{GRAPH}(F)$ abgeschlossen ist, ist äquivalent dazu, daß F oberhalb stetig im Sinne von C. Kuratowski [12; S. 148] ist. Man beachte hierzu, daß die Umkehrung von 1.4 Satz (ii) nicht gilt, wie im 2. Abschnitt dieser Arbeit gezeigt wird. Die in 1.4 Satz (iii) angegebene Bedingung dafür, daß F stetig von unten in x aus X ist, ist äquivalent dazu, daß F unterhalb stetig in x aus X im Sinne von C. Kuratowski [12; S. 148] ist.

[4] $\mathrm{GRAPH}(F)$ bezeichnet die Menge $\{(x, y) : x \in X, y \in F(x)\}$ in dem topologischen Produkt von X und Y.

2. Mengenwertige metrische Projektionen in metrischen Räumen

Ist X ein metrischer Raum mit der Metrik d und A eine nicht-leere Teilmenge von X, so bezeichnet d_A die Abbildung, die definiert ist durch $d_A(x) = \text{INF}\{d(x,y) : y \in A\}$ für x aus X. d_A ist bekanntlich gleichmäßig stetig[5]. Ein y aus A heißt beste A-Approximierende eines Elementes x aus X, wenn $d(x,y) = d_A(x)$. A heißt proximinal[6], wenn jedes x aus X eine beste A-Approximierende hat. Proximinalität impliziert also insbesondere die Abgeschlossenheit von A. Nach N. V. Efimov und S. B. Stečkin [4; S. 522] heißt A approximativ kompakt, wenn für jedes x aus X jede Folge $\{y_n\}$ in A mit $d(x,y_n) \to d_A(x)$ einen Häufungspunkt in A hat (der dann eine beste A-Approximierende für x ist!). Zur Veranschaulichung der beiden zuletzt eingeführten Begriffe sei folgende Kette von Implikationen erwähnt: A kompakt $\Rightarrow$ A beschränkt kompakt[7] $\Rightarrow$ A approximativ kompakt $\Rightarrow$ A proximinal $\Rightarrow$ A abgeschlossen. Zur Bedeutung des Begriffes approximativ kompakt vgl. insbesondere N. V. Efimov und S. B. Stečkin [4; S. 522]. Ist A proximinal, so bezeichnet P_A die Abbildung von X in NAB(X), die jedem x aus X die Menge seiner besten A-Approximierenden zuordnet, i. e. $P_A(x) = \{y \in A : d(x,y) = d_A(x)\}$. P_A heißt die zu A gehörige metrische Projektion von X auf A. A heißt Čebyšev-Menge in X, wenn für jedes x aus X die Menge $P_A(x)$ genau ein Element enthält.
Den folgenden sehr allgemeinen Satz über die Stetigkeit mengenwertiger metrischer Projektionen bewies I. Singer [20; S. 168].

2.1 Satz Ist X ein metrischer Raum und A eine approximativ kompakte Teilmenge von X, so ist die metrische Projektion P_A stetig von oben.

2.2 Satz Sei X ein metrischer Raum und A eine approximativ kompakte Teilmenge von X. Dann gelten die folgenden vier Aussagen und die ersten drei davon sind äquivalent:
(i) Für jedes x aus X und jede Folge $\{x_n : n \in \mathbf{N}\}$ in X mit $x_n \to x$ ist $h(P_A(x_n), P_A(x)) \to 0$.
(ii) Für jedes x aus X und jede Folge $\{x_n : n \in \mathbf{N}\}$ in X mit $x_n \to x$ gibt es zwei Folgen $\{y_n : n \in \mathbf{N}\}$, $\{y_n' : n \in \mathbf{N}\}$ in A mit y_n aus $P_A(x_n)$, $y_n' \in P_A(x)$ und $d(y_n, y_n') \to 0$.
(iii) Für jedes x aus X und jede Folge $\{x_n : n \in \mathbf{N}\}$ in X mit $x_n \to x$ und jede Folge $\{y_n : n \in \mathbf{N}\}$ in A mit y_n aus $P_A(x_n)$ gibt es eine Folge $\{y_n' : n \in \mathbf{N}\}$ in A mit y_n' aus $P_A(x)$ und $d(y_n, y_n') \to 0$.
(iv) Für jedes x aus X und jede Folge $\{x_n : n \in \mathbf{N}\}$ in X mit $x_n \to x$ hat jede Folge $\{y_n : n \in \mathbf{N}\}$ in A mit y_n aus $P_A(x_n)$ einen Häufungspunkt in $P_A(x)$.

Beweis. Die Aussage (iv) ist offensichtlich enthalten in der Aussage »A ist approximativ kompakt«: Sei x aus X und sei $\{x_n : n \in \mathbf{N}\}$ eine Folge in X mit $x_n \to x$. Ist $\{y_n : n \in \mathbf{N}\}$ eine Folge in A mit y_n aus $P_A(x_n)$, so ist $d(x,y_n) \leqq d(x, x_n) + d(x_n,y_n) = d(x, x_n) + d_A(x_n)$, also $d(x,y_n) \to d_A(x)$ wegen der Stetigkeit von d_A. Da A approximativ kompakt ist, hat die Folge $\{y_n\}$ also einen Häufungspunkt in A und dieser ist, wie man mit derselben Abschätzung leicht zeigt, in $P_A(x)$.

[5] Genauer gilt: $|d_A(x) - d_A(x')| \leqq d(x, x')$ für x, x' aus X.
[6] Der Begriff geht nach R. R. Phelps [17; S. 790] auf R. Killgrove zurück.
[7] A heißt beschränkt kompakt, wenn der Durchschnitt von A mit jeder abgeschlossenen Kugel in X kompakt ist.

Andererseits ist P_A nach 2.1 Satz stetig von oben, also nach 1.2 Satz (i) Hausdorff-stetig von oben und daher gilt nach 1.1 Satz (iii) die Aussage (i). Ferner gilt offensichtlich (iii) $\rightarrow$ (ii) $\rightarrow$ (i). Also genügt es zu zeigen, daß (i) $\rightarrow$ (iii). Ist x aus X, $\{x_n : n \in \mathbf{N}\}$ eine Folge in X mit $x_n \rightarrow x$ und $\{y_n : n \in \mathbf{N}\}$ eine Folge in A mit y_n aus $P_A(x_n)$, so folgt aus $h(P_A(x_n), P_A(x)) \rightarrow 0$, daß auch $h(\{y_n\}, P_A(x)) \rightarrow 0$. Daher gibt es eine Folge $\{y'_n : n \in \mathbf{N}\}$ in A mit y'_n aus $P_A(x)$ und $d(y_n, y'_n) \leqq h(\{y_n\}, P_A(x)) + \frac{1}{n}$, also $d(y_n, y'_n) \rightarrow 0$, womit der Satz bewiesen ist.

Bemerkung: 2.2 Satz wurde – mit Ausnahme der Tatsache, daß die Aussagen (i)–(iii) äquivalent sind – von I. Singer [20; S. 169] auf anderem Wege bewiesen. 2.2 Satz (ii) wurde von M. Nicolescu [16] für kompaktes A bewiesen.

2.3 Corollar Sei X ein metrischer Raum und A eine approximativ kompakte Teilmenge von X.
(i) Ist A eine Čebyšev-Menge in X, so ist P_A stetig.
(ii) Ist x aus X und enthält $P_A(x)$ nur ein Element y, so ist P_A stetig in x und daraus folgt, daß $y_n \rightarrow y$ für jede Folge $\{x_n : n \in \mathbf{N}\}$ in X mit $x_n \rightarrow x$ und jede Folge $\{y_n : n \in \mathbf{N}\}$ in A mit y_n aus $P_A(x_n)$.

Beweis. Die Behauptung (i) folgt aus 2.1 Satz und 1.3 Satz (iv). Die Behauptung (ii) folgt aus denselben Sätzen und 2.2 Satz (iii).

Bemerkung: 2.3 Corollar wurde von I. Singer [20; S. 170–171] bewiesen. Für beschränkt kompaktes A wurde 2.3 Corollar (i) von V. Klee [11; S. 298] bewiesen[8]. In anderen Spezialfällen (vgl. I. Singer [20; S. 171]) wurde 2.3 Corollar (i) von Ky Fan und I. Glicksberg [5; S. 566] und V. Klee [11; S. 298] bewiesen. Zwei interessante Folgerungen aus 2.3 Corollar (i) findet man in I. Singer [20; S. 176].

2.4 Satz Ist X ein metrischer Raum und A eine proximinale Teilmenge von X, so ist $\mathrm{GRAPH}(P_A)$ abgeschlossen[9].

Beweis. Ist x aus X und $\{x_n : n \in \mathbf{N}\}$ eine Folge in X mit $x_n \rightarrow x$ und ist y aus A und $\{y_n : n \in \mathbf{N}\}$ eine Folge in A mit $y_n \in P_A(x_n)$ und $y_n \rightarrow y$, so ist $d(x,y) \leqq d(x, x_n) + d(x_n, y_n) + d(y_n, y) = d(x, x_n) + d_A(x_n) + d(y_n, y)$, also $d(x,y) \leqq d_A(x)$, also y aus $P_A(x)$.

Bemerkung: 2.4 Satz wurde von I. Singer [20; S. 171] bewiesen. Für einen endlichdimensionalen linearen Teilraum A eines Banach-Raumes X wurde dieser Satz von K. Tatarkiewicz [21; S. 381] bewiesen. Die Beweismethode von Tatarkiewicz bleibt indes auch für den allgemeinen Fall gültig.
I. Singer [20; S. 171] gibt ein Beispiel eines metrischen Raumes X und einer proximinalen (aber nicht approximativ kompakten) Teilmenge A von X so, daß die metrische Projektion P_A nicht stetig von oben ist. Da nach 2.4 Satz $\mathrm{GRAPH}(P_A)$ abgeschlossen ist, zeigt dieses Beispiel, daß die Umkehrung von 1.4 Satz (ii) nicht gilt. In derselben Arbeit gibt I. Singer auf S. 172 ein Beispiel eines (nicht vollständigen) metrischen Raumes X und einer kompakten (also insbesondere approximativ kompakten) Čebyšev-Menge A in X so, daß die metrische Projektion P_A nicht gleichmäßig stetig auf X ist. Da nach 2.3 Corollar (i) P_A stetig ist, zeigt dieses Beispiel, daß sich 1.3 Satz (iii) nicht ohne weiteres verallgemeinern läßt.

[8] Man beachte hierzu 1.3 Satz (v).
[9] Vgl. 1.4 Satz (i).

Die folgenden Beispiele zeigen, daß die metrische Projektion P_A im allgemeinen nicht einmal unter sehr starken Voraussetzungen stetig von unten ist.

2.5 Beispiel: Sei $X = C([0,1])$. Sei y aus X definiert durch $y(t) = t$ für $0 \leqq t \leqq 1$ und sei A der lineare Spann von y. Sei x aus X definiert durch $x(t) = 1$ für $0 \leqq t \leqq 1$ und sei die Folge $\{x_n : n = 2, 3, \ldots\}$ in X definiert durch

$$x_n(t) = \begin{cases} 1 + t, & 0 \leqq t \leqq \frac{1}{n} \\ \frac{n+t}{n-1}, & \frac{1}{n} \leqq t \leqq 1 \end{cases}$$

Dann ist $x_n \to x$, $P_A(x) = [0, 2y]$ und $P_A(x_n) = [y, 2y]$. P_A ist also nicht stetig von unten in x.

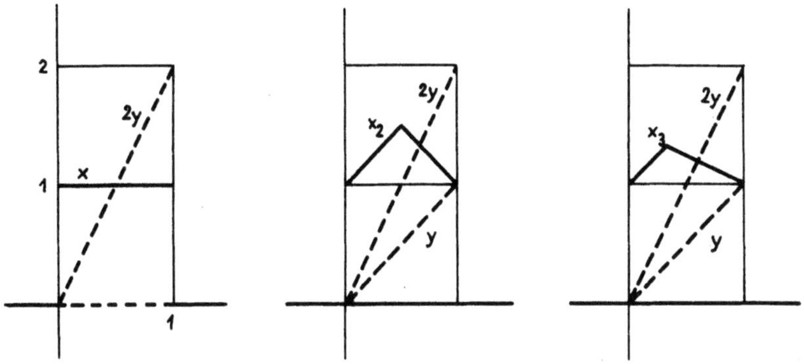

Abb. 2

2.6 Beispiel: Seien X, y, A, x definiert wie in 2.5 Beispiel. Die Folge $\{x_n : n = 2, 3, \ldots\}$ in X sei definiert durch

$$x_n(t) = \begin{cases} 1 + 2t, & 0 \leqq t \leqq \frac{1}{n} \\ \frac{n+1-2t}{n-1}, & \frac{1}{n} \leqq t \leqq 1 \end{cases}$$

Dann ist $x_n \to x$, $P_A(x) = [0, 2y]$ und $P_A(x_n) = \{2y\}$. P_A ist also nicht stetig von unten in x und die Menge der Elemente aus X, die nur eine beste A-Approximierende haben, ist nicht abgeschlossen.

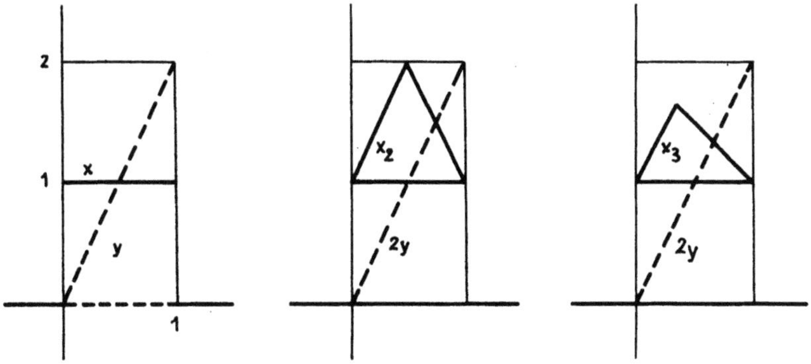

Abb. 3

2.7 Beispiel: Sei $X = C([0,3])$. Sei y aus X definiert durch

$$y(t) = \begin{cases} 2-2t, & 0 \leqq t \leqq 1 \\ 0, & 1 \leqq t \leqq 2 \\ -4+2t, & 2 \leqq t \leqq 3 \end{cases}$$

und sei A der lineare Spann von y. Sei x aus X definiert durch

$$x(t) = \begin{cases} 1-2t, & 0 \leqq t \leqq 1 \\ -3+2t, & 1 \leqq t \leqq 2 \\ 1, & 2 \leqq t \leqq 3 \end{cases}$$

und sei die Folge $\{x_n : n = 2, 3, \ldots\}$ in X definiert durch

$$x_n(t) = \begin{cases} x(t), & 0 \leqq t \leqq 2 \\ -3+2t, & 2 \leqq t \leqq 2+\frac{1}{n} \\ \frac{n+5-2t}{n-1}, & 2+\frac{1}{n} \leqq t \leqq 3 \end{cases} \qquad \text{für } n = 2, 4, \ldots$$

und durch

$$x_n(t) = \begin{cases} 1-\frac{2n}{n-1}t, & 0 \leqq t \leqq 1-\frac{1}{n} \\ -1, & 1-\frac{1}{n} \leqq t \leqq 1 \\ x(t), & 1 \leqq t \leqq 3 \end{cases} \qquad \text{für } n = 3, 5, \ldots$$

Dann ist $x_n \to x$, $P_A(x) = [0,y]$ und $P_A(x_n) = \{y\}$ für $n = 2, 4, \ldots$ und $P_A(x_n) = \{0\}$ für $n = 3, 5, \ldots$. Also ist P_A nicht stetig von unten in x, und es gibt keine Selection für P_A (vgl. 1.3 Satz (vii)).

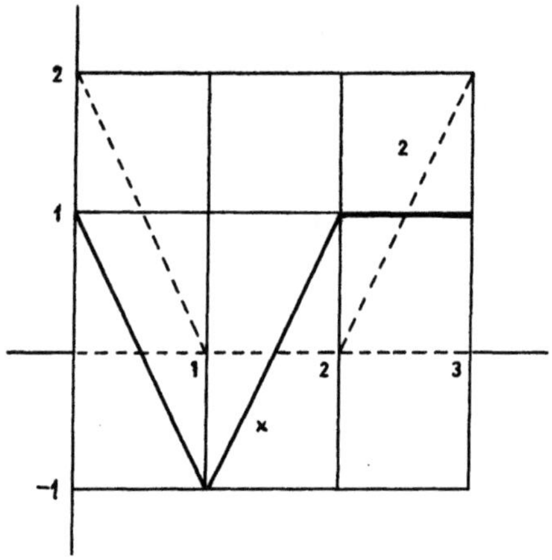

Abb. 4

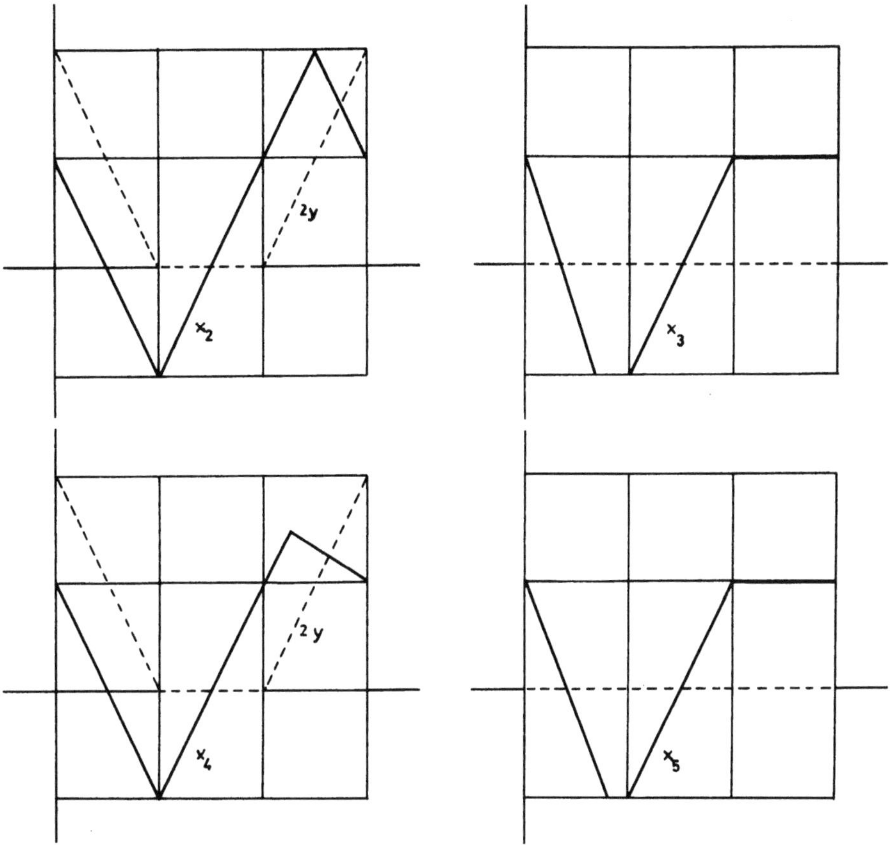

Abb. 4

3. Normierte reelle Vektorräume mit der Eigenschaft (P).

3.0 Definition Ein normierter reeller Vektorraum X hat die Eigenschaft (P), wenn für je zwei verschiedene Elemente x, y aus $S(0, 1)$ und für jede Folge $\{x_n : n \in \mathbf{N}\}$ in $S(0, 1)$ gilt: Ist $[x, y] \subset S(0, 1)$ und $x_n \to x$ und $[x_n, x_n + y - x] \cap \mathrm{INT}(B(0, 1)) = \varnothing$ für jedes n, so ist $H([x, y], [x_n, x_n + y - x] \cap S(0, 1)) \to 0.$[10]

Bemerkung: Man zeigt leicht, daß es, wenn X nicht die Eigenschaft (P) hat, zwei verschiedene Elemente x, y aus $S(0, 1)$ gibt und eine Folge $\{x_n : n \in \mathbf{N}\}$ in $S(0, 1)$ so, daß $[x, y] \subset S(0, 1)$, $x_n \to x$ und] $x_n, x_n + y - x] \cap B(0, 1) = \varnothing$ für jedes n.
Der folgende Satz zeigt die Bedeutung der Eigenschaft (P).

3.1 Satz
Sei X ein normierter reeller Vektorraum. Die folgenden Aussagen sind äquivalent:
(i) X hat die Eigenschaft (P).
(ii) Die metrische Projektion P_A ist stetig für jeden endlich-dimensionalen linearen Teilraum A von X.
(iii) Die metrische Projektion P_A ist stetig für jeden ein-dimensionalen linearen Teilraum A von X.

[10] H bezeichnet wie üblich die Hausdorff-Metrik für $\mathrm{NAB}(X)$.

Beweis. Zum Beweis der Implikation (i) → (ii) wird angenommen, daß A ein endlichdimensionaler linearer Teilraum von X ist und daß P_A nicht stetig ist in u aus X. Da A beschränkt kompakt, also insbesondere approximativ kompakt ist, ist P_A nach 2.1 Satz stetig von oben in u und nach 2.3 Corollar (ii) hat $P_A(u)$ zwei Elemente und daher ist insbesondere u aus $X \setminus A$. Nach 1.1 Satz (i) gibt es eine offene Teilmenge U von X, ein y aus $U \cap P_A(u)$ und eine Folge $\{u_n : n \in \mathbf{N}\}$ in $X \setminus A$ so, daß $u_n \to u$ und $U \cap P_A(u_n) = \emptyset$ für jedes n. Sei v_n aus $P_A(u_n)$. Nach 2.2 Satz (iv) kann angenommen werden, daß die Folge $\{v_n : n \in \mathbf{N}\}$ gegen ein x aus $P_A(u)$ konvergiert. Dann ist $[x, y] \subset S(u, d_A(u))$ und es ist $x \neq y$, da x nicht in U liegt.
$\{f_n : n \in \mathbf{N}\}$ sei die Folge der Homöomorphismen von X auf sich, die für jedes n definiert sind durch $f_n(z) = u + \dfrac{d_A(u)}{d_A(u_n)}(z - u_n)$ für z aus X.

Man verifiziert, daß für jedes n

$$(1) \qquad f_n(S(u_n, d_A(u_n))) = S(u, d_A(u))$$

$$(2) \qquad f_n(P_A(u_n)) = \left(u - \frac{d_A(u)}{d_A(u_n)} u_n + A\right) \cap S(u, d_A(u))$$

$$(3) \qquad \left(u - \frac{d_A(u)}{d_A(u_n)} u_n + A\right) \cap \mathrm{INT}(B(u, d_A(u))) = \emptyset$$

Sei nun $x_n = f_n(v_n)$ für jedes n. Dann ist x_n aus $S(u, d_A(u))$ nach (1). Nach (2) und (3) ist $[x_n, x_n + y - x] \cap \mathrm{INT}(B(u, d_A(u))) = \emptyset$ für jedes n und schließlich ist $x_n \to x$ wie man leicht zeigt.
Damit ist gezeigt, daß für die Elemente x, y und für die Folge $\{x_n : n \in \mathbf{N}\}$ die Voraussetzungen von 3.0 Definition erfüllt sind. Es wird nun gezeigt, daß die Zahlenfolge $\{H([x, y], [x_n, x_n + y - x] \cap S(u, d_A(u))) : n \in \mathbf{N}\}$ nicht gegen Null konvergiert, womit dann gezeigt ist, daß X nicht die Eigenschaft (P) hat.
Es wird angenommen, daß $H([x, y], [x_n, x_n + y - x] \cap S(u, d_A(u))) \to 0$. Dann ist insbesondere $\mathrm{INF}\{\|y - z\| : z \in [x_n, x_n + y - x] \cap S(u, d_A(u))\} \to 0$. Also gibt es eine Folge $\{z_n : n \in \mathbf{N}\}$ so, daß z_n aus $[x_n, x_n + y - x] \cap S(u, d_A(u))$ für jedes n und $z_n \to y$. Nach Definition der v_n und x_n und nach (2) ist für jedes n x_n aus $\left(u - \dfrac{d_A(u)}{d_A(u_n)} u_n + A\right)$, also $[x_n, x_n + y - x] \subset \left(u - \dfrac{d_A(u)}{d_A(u_n)} u_n + A\right)$.
Daher ist für jedes n z_n aus $S(u, d_A(u)) \cap \left(u - \dfrac{d_A(u)}{d_A(u_n)} u_n + A\right)$, also nach (1), (2) $f_n^{-1}(z_n)$ aus $P_A(u_n)$. Man zeigt leicht, daß $z_n \to y$ impliziert, daß $f_n^{-1}(z_n) \to y$. Die beiden letzten Aussagen über die Folge $\{f_n^{-1}(z_n)\}$ stehen im Widerspruch dazu, daß $U \cap P_A(u_n) = \emptyset$ für jedes n und U Umgebung von y ist.
Zum Beweis der Implikation (iii) → (i) wird angenommen, daß X nicht die Eigenschaft (P) hat. Nach der Bemerkung zu 3.0 Definition gibt es dann zwei verschiedene Elemente x, y aus $S(0, 1)$ und eine Folge $\{x_n : n \in \mathbf{N}\}$ in $S(0, 1)$ so, daß $[x, y] \subset S(0, 1)$, $x_n \to x$ und $]x_n, x_n + y - x] \cap B(0, 1) = \emptyset$ für jedes n.
Sei A der lineare Spann von $(y - x)$. P_A ist nicht stetig in $-x$, denn:
Es ist $[0, y - x] \subset (A \cap S(0, 1))$, also $[0, y - x] \subset P_A(-x)$. Weiter ist für jedes n $0 \in (A \cap B(-x_n, 1)) \subset \{\alpha(y - x) : \alpha \leqq 0\}$, also $P_A(-x_n) \subset (A \cap B(-x_n, 1)) \subset \{\alpha(y - x) : \alpha \leqq 0\}$. Daraus folgt, daß $H(P_A(-x), P_A(-x_n)) \geqq \|y - x\| > 0$ für jedes n. Also ist P_A nicht Hausdorff-stetig in $-x$ und daher (1.2 Satz) auch nicht stetig in $-x$.

Da die Implikation (ii) $\rightarrow$ (iii) trivial ist, ist der Satz bewiesen.
Die folgenden leicht zu verifizierenden Aussagen über die Eigenschaft (P) seien ohne Beweis angeführt.

3.2 Satz Sei X ein normierter reeller Vektorraum.
(i) Ist X höchstens zwei-dimensional, so hat X die Eigenschaft (P).
(ii) Ist X strikt konvex, so hat X die Eigenschaft (P).
(iii) Ist X endlich-dimensional und ist die Einheitskugel von X der Durchschnitt endlich vieler abgeschlossener Halbräume, i. e. hat die Norm von X die Form $\|x\| = \mathrm{MAX}\{f_i x : i = 1, \ldots, n\}$ wo für jedes i f_i ein lineares Funktional auf X ist, so hat X die Eigenschaft (P).
(iv) Hat X die Eigenschaft (P), so hat jeder lineare Teilraum von X die Eigenschaft (P).

Bemerkung: Die Eigenschaft (P) wurde zuerst von A. L. Brown [1; S. 581] in der zu der in 3.0 Definition gegebenen äquivalenten Form definiert: Ein normierter reeller Vektorraum X hat die Eigenschaft (P), wenn es zu je zwei Elementen x, y aus X mit $\|x + y\| \leqq \|x\|$ zwei positive reelle Zahlen α, β gibt so, daß $\|z + \alpha y\| \leqq \|z\|$ für jedes z mit $\|x - z\| \leqq \beta$. In derselben Arbeit gab A. L. Brown auch die Äquivalenz der Aussagen (i) und (ii) von 3.1 Satz an und bewies 3.2 Satz (ii), (iii). Die beiden Definitionen unterscheiden sich wohl im wesentlichen darin, daß die hier angegebene geometrisch anschaulicher ist.
Im Rest dieses Abschnittes werden einige nicht strikt konvexe Folgenräume daraufhin untersucht, ob sie die Eigenschaft (P) haben oder nicht.

3.3 Definition Sei I eine nicht-leere Menge, sei $\{X_i : i \in I\}$ eine Familie normierter reeller Vektorräume und sei $F\{X_i : i \in I\}$ der reelle lineare Raum aller Abbildungen x von I in die Vereinigung der X_i so, daß $x(i) \in X_i$ für jedes i in I. Dann bezeichnet $m\{X_i : i \in I\}$ den linearen Teilraum aller x in $F\{X_i : i \in I\}$ so, daß die Menge $\{\|x(i)\| : i \in I\}$ von reellen Zahlen beschränkt ist, normiert durch $\|x\| = \mathrm{SUP}\{\|x(i)\| : i \in I\}$. $c_0\{X_i : i \in I\}$ bezeichnet den abgeschlossenen linearen Teilraum aller x in $m\{X_i : i \in I\}$ so, daß die Menge $\{i \in I : \|x(i)\| > c\}$ endlich ist für jede positive Zahl c. $l_1\{X_i : i \in I\}$ bezeichnet den linearen Teilraum aller x in $F\{X_i : i \in I\}$ so, daß die Abbildung $i \rightarrow \|x(i)\|$ von I in die reellen Zahlen summierbar ist (vgl. J. L. Kelley [10; S. 77–79]), normiert durch $\|x\| = \sum_{i \in I} \|x(i)\|$.

Bemerkung: (i) Sind alle X_i gleich demselben normierten reellen Vektorraum X, so schreibt man $m(X, I)$, $c_0(X, I)$, $l_1(X, I)$. Setzt man noch $X = \mathbf{R}$ und $I = \mathbf{N}$, so erhält man die gewöhnlichen reellen Folgenräume.
(ii) Allgemeine Eigenschaften der in 3.3 Definition eingeführten Räume findet man in M. M. Day [2; S. 28–31].

3.4 Satz Sei I eine nicht-leere Menge und $\{X_i : i \in I\}$ eine Familie normierter reeller Vektorräume. $c_0\{X_i : i \in I\}$ hat die Eigenschaft (P) genau dann, wenn jeder der Räume X_i die Eigenschaft (P) hat.

Beweis. Sei $X = c_0\{X_i : i \in I\}$. Da jeder der Räume X_i linear und isometrisch in X eingebettet werden kann, hat nach 3.2 Satz (iv) jeder der Räume X_i die Eigenschaft (P) wenn X sie hat.
Um die andere Implikation des Satzes zu beweisen, wird angenommen, daß X nicht die Eigenschaft (P) hat. Es wird nun zunächst gezeigt, daß es eine nicht-leere endliche

Teilmenge I' von I gibt so, daß $X' = c_0\{X_i : i \in I'\}$ nicht die Eigenschaft (P) hat. Anschließend wird gezeigt, daß es ein i' in I' gibt so, daß $X_{i'}$ nicht die Eigenschaft (P) hat.

Da X nicht die Eigenschaft (P) hat, gibt es nach der Bemerkung zu 3.0 Definition zwei verschiedene Elemente x, y aus $S(0, 1)$ und eine Folge $\{x_n : n \in \mathbf{N}\}$ in $S(0, 1)$ so, daß $[x,y] \subset S(0, 1)$, $x_n \to x$ und $]x_n, x_n + y - x] \cap B(0, 1) = \varnothing$ für jedes n.

Da $x \neq y$, gibt es ein i' in I so, daß $x(i') \neq y(i')$. Die Menge $I' = \{i'\} \cup \{i \in I : \|x(i)\| > 1/2$ oder $\|y(i)\| > 1/2\}$ ist nach Definition von X endlich. Da $x_n \to x$, gibt es ein $n' \in \mathbf{N}$ so, daß $[x_n(i), x_n(i) + y(i) - x(i)] \subset B_{X_i}(0, 3/4)$ für jedes $n \geqq n'$ und für jedes i in $I \setminus I'$. Man verifiziert nun, daß $X' = c_0\{X_i : i \in I'\}$ nicht die Eigenschaft (P) hat (man betrachte in X' die auf I' eingeschränkten Abbildungen x, y und x_n für $n \geqq n'$!).

Da nun X' nicht die Eigenschaft (P) hat, gibt es nach der Bemerkung zu 3.0 Definition zwei verschiedene Elemente x', y' aus $S_{X'}(0, 1)$ und eine Folge $\{x_n' : n \in \mathbf{N}\}$ in $S_{X'}(0, 1)$ so, daß $[x', y'] \subset S_{X'}(0, 1)$, $x_n' \to x'$ und $]x_n', x_n' + y' - x'] \cap B_{X'}(0, 1) = \varnothing$ für jedes n. Zunächst ist $x_n'(i) \to x'(i)$ für jedes i in I'. Man verifiziert, daß es zu jedem $n \in \mathbf{N}$ ein i in I' gibt so, daß $x'(i) \neq y'(i)$ und $]x_n'(i), x_n'(i) + y'(i) - x'(i)] \cap B_{X_i}(0, 1) = \varnothing$. Da I' endlich ist, kann daher angenommen werden, daß es ein i' in I' gibt so, daß $x'(i') \neq y'(i')$ und $]x_n'(i'), x_n'(i') + y'(i') - x'(i')] \cap B_{X_{i'}}(0, 1) = \varnothing$ für jedes n. Da außerdem $\|x_n'(i')\| = 1$ für jedes n und $[x'(i'), y'(i')] \subset S_{X_{i'}}(0, 1)$, folgt, daß $X_{i'}$ nicht die Eigenschaft (P) hat. Damit ist der Satz bewiesen.

Da nach 3.2 Satz genügend »triviale« Räume mit der Eigenschaft (P) existieren, kann man mit Hilfe des letzten Satzes nicht strikt konvexe (hat I mindestens zwei Elemente, so ist $c_0\{X_i : i \in I\}$ nicht strikt konvex!) normierte Vektorräume beliebig hoher Dimension mit der Eigenschaft (P) konstruieren.

3.5 Beispiel: Der reelle Banach-Raum $m(\mathbf{R}, \mathbf{N})$ hat nicht die Eigenschaft (P), denn: Ist $x(i) = 1 - 1/i$ und $y(i) = 1 - 1/2i$ für jedes i in $\mathbf{N}$ und ferner für jedes i und n in $\mathbf{N}$

$$x_n(i) = \begin{cases} x(i), & i \leqq n \\ 1, & i > n \end{cases},$$

so sind x und y verschiedene Elemente in $S(0, 1)$ und $\{x_n : n \in \mathbf{N}\}$ ist eine Folge in $S(0, 1)$ so, daß $[x,y] \subset S(0, 1)$ und $x_n \to x$. Da für jedes i und n in $\mathbf{N}$ und für jedes a mit $0 < a \leqq 1$

$$x_n(i) + ay(i) - ax(i) = \begin{cases} 1 - 1/i + a/2i, & i \leqq n \\ 1 + a/2i, & i > n \end{cases}$$

ist schließlich $]x_n, x_n + y - x] \cap B(0, 1) = \varnothing$ für jedes n in $\mathbf{N}$. Daher hat $m(\mathbf{R}, \mathbf{N})$ nicht die Eigenschaft (P).

3.6 Satz Sei I eine nicht-leere Menge und sei $\{X_i : i \in I\}$ eine Familie normierter reeller Vektorräume. $m\{X_i : i \in I\}$ hat die Eigenschaft (P) genau dann, wenn I endlich ist und jeder der Räume X_i die Eigenschaft (P) hat.

Beweis. Die Notwendigkeit der Bedingungen folgt aus 3.2 Satz (iv), da jeder der Räume X_i linear und isometrisch in $m\{X_i : i \in I\}$ eingebettet werden kann und aus 3.2 Satz (iv) und 3.5 Beispiel, da für nicht endliches I $m(\mathbf{R}, \mathbf{N})$ linear und isometrisch in $m\{X_i : i \in I\}$ eingebettet werden kann.

Da für endliches I $m\{X_i : i \in I\} = c_0\{X_i : i \in I\}$, folgt aus 3.4 Satz, daß die Bedingungen auch hinreichend sind. Damit ist der Satz bewiesen.

3.7 Beispiel: Der reelle Banach-Raum $l_1(\mathbf{R}, \mathbf{N})$ hat nicht die Eigenschaft (P), denn: Ist $x(2i-1) = 2^{-i}$, $x(2i) = 0$, $y(2i-1) = 0$ und $y(2i) = 2^{-i}$ für jedes i in $\mathbf{N}$ und ist ferner für jedes i und n in $\mathbf{N}$

$$x_n(i) = \begin{cases} 0, & i = 2n-1 \\ 2^{-n}, & i = 2n \\ x(i), & i \notin \{2n-1, 2n\} \end{cases},$$

so sind x und y verschiedene Elemente in $S(0, 1)$ und $\{x_n : n \in \mathbf{N}\}$ ist eine Folge in $S(0, 1)$ so, daß $[x, y] \subset S(0, 1)$ und $x_n \to x$. Da für jedes n in $\mathbf{N}$ und jedes a mit $0 < a \leqq 1$

$$\|x_n + a(y - x)\| = a \cdot 2^{1-n} + \textstyle\sum_{i \in \mathbf{N}} 2^{-i} = a \cdot 2^{1-n} + 1 > 1,$$

ist schließlich $]x_n, x_n + y - x] \cap B(0, 1) = \varnothing$ für jedes n. Daher hat $l_1(\mathbf{R}, \mathbf{N})$ nicht die Eigenschaft (P).

3.8 Satz Sei I eine nicht-leere Menge und sei $\{X_i : i \in I\}$ eine Familie normierter reeller Vektorräume. Hat $l_1\{X_i : i \in I\}$ die Eigenschaft (P), so ist I endlich und jeder der Räume X_i hat die Eigenschaft (P).

Beweis. Der Beweis folgt sofort aus 3.2 Satz (iv), da jeder der Räume X_i linear und isometrisch in $l_1\{X_i : i \in I\}$ eingebettet werden kann und aus 3.2 Satz (iv) und 3.7 Beispiel, da für nicht endliches I $l_1(\mathbf{R}, \mathbf{N})$ linear und isometrisch in $l_1\{X_i : i \in I\}$ eingebettet werden kann.

Bemerkung: (*i*) Die Umkehrung von 3.8 Satz gilt nicht, wie das folgende Gegenbeispiel zeigt: Sei X der reelle Vektorraum $\mathbf{R}^3$, normiert durch $\|(a, b, c)\| = (a^2 + b^2)^{1/2} + |c|$. X ist isometrisch isomorph zu dem Raum $l_1\{\mathbf{R}^2, \mathbf{R}\}$ wenn $\mathbf{R}^2$ und $\mathbf{R}$ durch die euklidische Norm normiert sind, aber X hat nicht die Eigenschaft (P), denn (vgl. auch K. Tatarkiewicz [21; S. 40–41]): Ist $x = (1, 0, 0)$, $y = (0, 0, 1)$ und ist $x_n = \left(\sin\left(\frac{\pi}{2} + \frac{1}{n}\right), \cos\left(\frac{\pi}{2} + \frac{1}{n}\right), 0\right)$ für jedes n in $\mathbf{N}$, so sind x und y verschiedene Elemente in $S(0, 1)$ und $\{x_n : n \in \mathbf{N}\}$ ist eine Folge in $S(0, 1)$ so, daß $[x, y] \subset S(0, 1)$ und $x_n \to x$. Da für jedes $n \in \mathbf{N}$ und jedes a so, daß $0 < a \leqq 1$

$$\|x_n + a(y - x)\| = \left(1 - 2a \cdot \sin\left(\frac{\pi}{2} + \frac{1}{n}\right) + a^2\right)^{1/2} + a > (1 - 2a + a^2)^{1/2} + a = 1,$$

ist schließlich $]x_n, x_n + y - x] \cap B(0, 1) = \varnothing$ für jedes n. Daher hat X nicht die Eigenschaft (P).

(ii) Das Dual des in (i) betrachteten Raumes X hat die Eigenschaft (P), denn: Ist Y der reelle Vektorraum $\mathbf{R}^3$, normiert durch $\|(a, b, c)\| = \mathrm{SUP}\{(a^2 + b^2)^{1/2}, |c|\}$, so ist Y isometrisch isomorph zu dem Raum $c_0\{\mathbf{R}^2, \mathbf{R}\}$ wenn $\mathbf{R}^2$ und $\mathbf{R}$ durch die euklidische Norm normiert sind. Nach M. M. Day [2; S. 31] ist Y isometrisch isomorph zum Dual von X. Nach 3.4 Satz hat Y die Eigenschaft (P).

(iii) Ist I eine nicht-leere Menge, so hat der reelle Banach-Raum $l_1(\mathbf{R}, I)$ die Eigenschaft (P) genau dann, wenn I endlich ist. Ist nämlich I nicht endlich, so kann $l_1(\mathbf{R}, \mathbf{N})$ isometrisch und isomorph in $l_1(\mathbf{R}, I)$ eingebettet werden und daher hat nach 3.2 Satz (iv) und 3.7 Beispiel $l_1(\mathbf{R}, I)$ nicht die Eigenschaft (P). Ist hingegen I endlich, so ist die Einheitskugel von $l_1(\mathbf{R}, I)$ der Durchschnitt endlich vieler abgeschlossener Halbräume und daher hat nach 3.2 Satz (iii) $l_1(\mathbf{R}, I)$ die Eigenschaft (P).

3.9 Beispiel: Sei X der reelle Vektorraum aller auf dem Intervall $[-1, 1]$ definierten stetigen reellwertigen Abbildungen, normiert durch

$$\|x\| = \int_{-1}^{1} |x(t)|\, dt.$$

X hat nicht die Eigenschaft (P), denn: Sei $y(t) = t$ für $-1 \leqq t \leqq 1$ und sei A der lineare Spann von y. Sei

$$x(t) = \begin{cases} 0, & -1 \leqq t \leqq 0 \\ 2t, & 0 \leqq t \leqq 1 \end{cases}$$

Sei ferner für $n = 3, 4, \ldots\ldots$

$$x_n(t) = \begin{cases} 0, & -1 \leqq t \leqq \frac{1}{n} \\ \frac{2nt-2}{n-2}, & \frac{1}{n} \leqq t \leqq 1 - \frac{1}{n}. \\ 2, & 1 - \frac{1}{n} \leqq t \leqq 1 \end{cases}$$

Dann gilt:

(i) $x_n \to x$

(ii) $P_A(x) = [0, 2y]$

(iii) Es ist $0 \in A \cap B(x_n, 1)$ für $n = 3, 4, \ldots$

(iv) Für $n = 3, 4, \ldots$ ist $(A \cap B(x_n, 1)) \subset \{ay : a \leqq 0\}$, denn ist $a > 0$ und $n \geqq 3$, so ist (vgl. Skizze: Die Zeichen F_i, $i = 1, \ldots, 7$, bezeichnen jeweils das Maß der sie umschließenden Fläche):

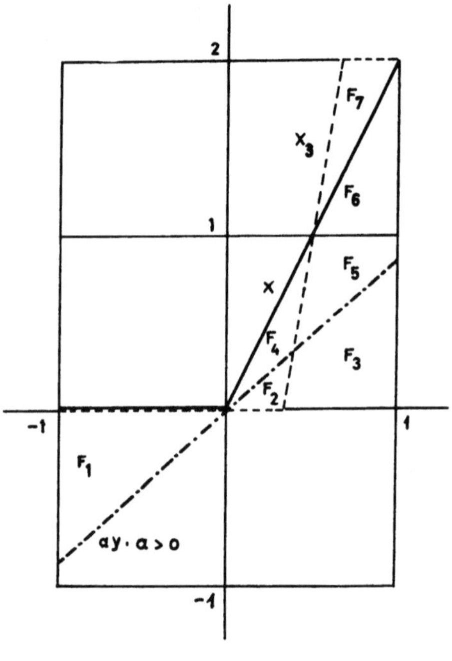

Abb. 5

$\|x_n - ay\| = F_1 + F_2 + F_5 + F_6 + F_7$, also (da $F_1 = F_2 + F_3$ und $F_7 = F_2 + F_4$)
$\|x_n - ay\| = (F_2 + F_3 + F_4 + F_5 + F_6) + 2\,F_2 = 1 + 2\,F_2 > 1$.
Aus (iii) und (iv) folgt, daß $P_A(x_n) \subset (A \cap B(x_n, 1)) \subset \{ay : a \leqq 0\}$ für $n = 3, 4, \ldots$.
Nach (ii) ist also $H(P_A(x), P_A(x_n)) \geqq \|2y\| = 1$ für $n = 3, 4, \ldots$ und daher ist nach (*i*) P_A nicht stetig in x. X hat also nicht die Eigenschaft (P).

Bemerkung: Aus dem letzten Beispiel folgt in Verbindung mit 3.2 Satz (iv), daß die vollständige Hülle $L_1([-1, 1])$ des Raumes X aus 3.9 Beispiel nicht die Eigenschaft (P) hat.

4. Zur Stetigkeit von mengenwertigen metrischen Projektionen im Raum $C([0, 1])$

Der folgende Satz gibt eine Charakterisierung der endlich-dimensionalen Čebšyev-Teilräume des reellen Banach-Raumes $C([0, 1])$ durch Stetigkeitseigenschaften der zugehörigen metrischen Projektionen.

Satz Ein endlich-dimensionaler linearer Teilraum des reellen Banach-Raumes $C([0, 1])$ hat eine stetige metrische Projektion genau dann, wenn er ein Čebyšev-Raum ist.

Bemerkung: (i) Nach 3.4 Satz gilt dieser Satz nicht, wenn das Intervall [0, 1] ersetzt wird durch einen diskreten kompakten Hausdorff-Raum K, da dann $C(K) = c_0(\mathbf{R}, K)$ ist.
(ii) Statt »stetige metrische Projektion« kann in diesem Satz auch »von unten stetige metrische Projektion« eingesetzt werden, da endlich-dimensionale lineare Teilräume von normierten Vektorräumen approximativ kompakt sind und daher nach 2.1 Satz von oben stetige metrische Projektionen haben.

Beweis. Nach Bemerkung (ii) zu diesem Satz und nach 2.3 Corollar (i) hat ein endlich-dimensionaler Čebyšev-Teilraum von $C([0, 1])$ eine stetige metrische Projektion.
Zum Beweis der anderen Implikation des Satzes sei $X = C([0, 1])$ und A ein endlich-dimensionaler linearer Teilraum von X mit der Dimension $N \in \mathbf{N}$. Es wird angenommen, daß A kein Čebyšev-Raum ist.
Nach dem Satz von A. Haar [7] gibt es N paarweis verschiedene Punkte, $s_1, \ldots, s_N \in [0, 1]$ und ein von Null verschiedenes Element $y \in A$ so, daß $y(s_i) = 0$ für $i = 1, \ldots, N$ und $\|y\| = 1$. Man verifiziert (vgl. G. Meinardus [13; S. 17]): Es gibt eine natürliche Zahl $n \in \mathbf{N}$ und von Null verschiedene reelle Zahlen $a_1, \ldots, a_n$ und n Punkte $0 \leqq t_1 < t_2 < \ldots < t_n \leqq 1$ so, daß $y(t_i) = 0$ für $i = 1, \ldots, n$ und $a_1 u(t_1) + \cdots + a_n u(t_n) = 0$ für jedes $u \in A$.
Das Element $z \in S(0, 1)$ sei definiert durch: $z(t_i) = \operatorname{sgn}(a_i)$ für $i = 1, \ldots, n$,
$z\left(\frac{t_{i-1} + t_i}{2}\right) = \frac{\operatorname{sgn}(a_{i-1}) + \operatorname{sgn}(a_i)}{4}$ für $i = 2, \ldots$, n falls $n \geqq 2$, $z(0) = \frac{\operatorname{sgn}(a_1)}{2}$ falls $0 < t_1$, $z(1) = \frac{\operatorname{sgn}(a_n)}{2}$ falls $t_n < 1$, und:
Auf dem Rest von [0, 1] sei $z(t)$ gleich der linearen Verbindung der bereits definierten Punkte.

Sei $x = z\left(1 - \frac{|y|}{2}\right)$. Man verifiziert:

(i) $x \in S(0, 1)$.
(ii) Ist $u \in A$ und $\mathrm{SUP}\{|x(t_i) - u(t_i)| : i = 1, \ldots, n\} \leqq 1$, so ist $u(t_i) = 0$ für $i = 1, \ldots, n$.
(iii) $d_A(x) = 1 = \mathrm{INF}\{\mathrm{SUP}\{|x(t_i) - u(t_i)| : i = 1, \ldots, n\} : u \in A\}$.
(iv) Für jedes $u \in P_A(x)$ ist $u(t_i) = 0$ für $i = 1, \ldots, n$.
(v) $x^{-1}(1) = \{t_i : a_i > 0\}$ und $x^{-1}(-1) = \{t_i : a_i < 0\}$.
(vi) $\left[-\frac{y}{2}, \frac{y}{2}\right] \subset P_A(x)$.

Es wird unter der Annahme
(vii) Es gibt ein $j \in \{1, \ldots, n\}$ so, daß zu jedem $\varepsilon > 0$ ein $u \in P_A(x)$ und ein $t \in B_{[0,1]}(t_j, \varepsilon)$ existiert mit $u(t) \neq 0$, gezeigt, daß die Abbildung P_A umstetig ist an der Stelle x. Für den Fall, daß die Annahme (vii) nicht erfüllt ist, siehe unten.
Es kann angenommen werden, daß $x(t_j) = +1$.
Sei m eine natürliche Zahl, und seien $y_1, \ldots, y_m \in P_A(x)$ eine Basis für den linearen Spann von $P_A(x)$ mit der Eigenschaft, daß $cy_i \notin P_A(x)$ für $i = 1, \ldots, m$ und für jedes $c > 1$.
Da P_A stetig von oben ist, gibt es ein $0 < b < 1$ so, daß $P_A(v) \subset B\,(P_A(x), \frac{1}{2})$ für jedes $v \in B(x, b)$.
y_{SUP} bzw. y_{INF} sei das durch $y_{\mathrm{SUP}}(t) = \mathrm{SUP}\{u(t) : u \in P_A(x)\}$ bzw. $y_{\mathrm{INF}}(t) = \mathrm{INF}\{u(t) : u \in P_A(x)\}$ für $0 \leqq t \leqq 1$ definierte Element von X.

Es wird unter der Annahme
(viii) Es gibt ein $a > 0$ so, daß $y_i(t) \leqq 0$ für $i = 1, \ldots, m$ und für jedes $t \in B_{[0,1]}(t_j, a)$ eine Nullfolge $\{x_i : i \in \mathbf{N}\}$ in X konstruiert so, daß die Folge $\{P_A(x + x_i) : i \in \mathbf{N}\}$ im Sinne der Topologie der Stetigkeit von unten auf $\mathrm{NAB}(X)$ nicht gegen $P_A(x)$ konvergiert. Für den Fall, daß die Annahme (viii) nicht erfüllt ist, siehe unten.
Sei $\{\varepsilon_i : i = 0, 1, \ldots\}$ eine Nullfolge reeller Zahlen so, daß $a \geqq \varepsilon_0 > \varepsilon_1 > \ldots > 0$ und für jedes $t \in B_{[0,1]}(t_j, \varepsilon_0)$

(ix) $0 \leqq 1 - x(t) \leqq b$.
(x) $y_{\mathrm{SUP}}(t) \leqq 1/2$.
(xi) $\{t_1, \ldots, t_n\} \cap B_{[0,1]}(t_j, \varepsilon_0) = \{t_j\}$.

Für jedes $i \in \mathbf{N}$ sei x_i ein Element von X so, daß

(xii) $x_i(t) = 1 - x(t)$ für $t \in B_{[0,1]}(t_j, \varepsilon_i)$.
(xiii) $x_i(t) = 0$ für $t \in [0, 1] \setminus B_{[0,1]}(t_j, \varepsilon_{i-1})$.
(xiv) $0 \leqq x_i(t) \leqq 1 - x(t)$ für $t \in B_{[0,1]}(t_j, \varepsilon_{i-1})$.

Dann ist $x_i \to 0$, da $x(t_j) = 1$. Ferner ist $d_A(x + x_i) = 1$ für jedes $i \in \mathbf{N}$, denn: Da $(x + x_i)(t_l) = x(t_l)$ für $l = 1, \ldots, n$, ist nach (ii) $d_A(x + x_i) \geqq 1$, und da $\|x + x_i\| \leqq 1$ nach Definition von x_i ist $d_A(x + x_i) \leqq 1$. Schließlich ist $P_A(x + x_i) \subset P_A(x)$ für jedes $i \in \mathbf{N}$, denn: Ist $u \in P_A(x + x_i)$, so genügt es zu beweisen, daß $|x(t) - u(t)| \leqq 1$ für $0 \leqq t \leqq 1$. Dies ist richtig für $t \in [0, 1] \setminus B_{[0,1]}(t_j, \varepsilon_{i-1})$, da dort $x_i(t) = 0$ und da $d_A(x + x_i) = 1$. Es sei daher $t \in B_{[0,1]}(t_j, \varepsilon_{i-1})$. Dann ist $x(t) + x_i(t) - u(t) \leqq 1$, da $d_A(x + x_i) \leqq 1$, und nach (xiv) ist $x(t) \leqq 1 - x_i(t) \leqq 1$ so, daß $x(t) - u(t) \leqq 1 - x_i(t) \leqq 1$.

Andererseits ist nach (ix) $0 < 1 - b \leqq x(t) \leqq 1$ und nach (ix) und (xiv) $\|x_i\| \leqq b$. Also ist $u \in B(P_A(x), \frac{1}{2})$, und das bedeutet nach (x), daß $u(t) \leqq (\frac{1}{2} + \frac{1}{2}) = 1$. Daher ist $x(t) - u(t) \geqq (1 - b) - 1 = -b > -1$.

Ist $u_0 = \left(\frac{1}{m}\right)(y_1 + \cdots + y_m)$, so ist $u_0 \in P_A(x)$, da $P_A(x)$ konvex ist. Sei A_0 ein zum linearen Spann von $P_A(x)$ komplementärer linearer Teilraum von A. $U_0 = \left\{\left(\frac{1}{m}\right)(c_1 y_1 + \cdots + c_m y_m) : c_i > 1/2,\ i = 1, \ldots, m\right\}$ ist offen im linearen Spann von $P_A(x)$, und daher ist die direkte Summe U von U_0 und A_0 offen in A. Es ist $u_0 \in U$, aber $U \cap P_A(x + x_i) = \varnothing$ für jedes $i \in \mathbf{N}$, denn: Da $P_A(x + x_i) \subset P_A(x)$, genügt es zu beweisen, daß $U_0 \cap P_A(x + x_i) = \varnothing$ für jedes $i \in \mathbf{N}$. Sei daher $i \in \mathbf{N}$, und sei $u = \left(\frac{1}{m}\right)(c_1 y_1 + \cdots + c_m y_m) \in U_0$. Nach (vii) und (viii) gibt es ein $t \in B_{[0,1]}(t_j, \varepsilon_i)$ so, daß $u(t) < 0$.

Nach (xii) ist für dieses t $x(t) + x_i(t) = 1$, also $x(t) + x_i(t) - u(t) > 1$, also $u \notin P_A(x + x_i)$, da $d_A(x + x_i) = 1$. Also ist nach 1.1 Satz (i) P_A nicht stetig von unten in x.

Ist die Annahme (viii) nicht erfüllt, so verifiziert man durch vollständige Induktion über m: Es gibt ein $k \in \{1, \ldots, m\}$ so, daß zu jedem $\varepsilon > 0$ ein $t \in B_{[0,1]}(t_j, \varepsilon)$ existiert mit $y_k(t) > 0$ und $y_k(t) \geqq y_i(t)$ für $i = 1, \ldots, m$.

Sei $\{\delta_i : i = 0, 1, \ldots\}$ eine Nullfolge reeller Zahlen so, daß $\delta_0 > \delta_1 > \cdots > 0$ und für jedes $j \in B_{[0,1]}(t_j, \delta_0)$

(xv) $0 \leqq 1 - x(t) + y_{\mathrm{SUP}}(t) \leqq b$.

(xvi) $y_{\mathrm{SUP}}(t) \leqq \frac{1}{2}$.

(xvii) $\{t_1, \ldots, t_n\} \cap B_{[0,1]}(t_j, \delta_0) = \{t_j\}$.

Für jedes $i \in \mathbf{N}$ sei z_i ein Element von X so, daß

(xviii) $z_i(t) = 1 - x(t) + y_k(t)$ für $t \in B_{[0,1]}(t_j, \delta_i)$.

(xix) $z_i(t) = 0$ für $t \in [0, 1] \setminus B_{[0,1]}(t_j, \delta_{i-1})$.

(xx) $0 \leqq z_i(t) \leqq 1 - x(t) + y_k(t)$ für $t \in B_{[0,1]}(t_j, \delta_{i-1})$.

Ähnlich wie oben für die Folge $\{x_i : i \in \mathbf{N}\}$ verifiziert man, daß $z_i \to 0$, $d_A(x + z_i) = 1$ und $P_A(x + z_i) \subset P_A(x)$ für jedes $i \in \mathbf{N}$.

Ist $v_0 = \left(\frac{1}{2m}\right)(y_1 + \cdots + y_m)$, so ist $v_0 \in P_A(x)$, da $P_A(x)$ konvex ist und $0 \in P_A(x)$. Sei A_0 ein zum linearen Spann von $P_A(x)$ komplementärer linearer Teilraum von A. $V_0 = \left\{\left(\frac{1}{2m}\right)(c_1 y_1 + \cdots + c_m y_m) : \frac{1}{2} < c_i < \frac{3}{2}, i = 1, \ldots, m\right\}$ ist offen im linearen Spann von $P_A(x)$, und daher ist die direkte Summe V von V_0 und A_0 offen in A. Es ist $v_0 \in V$, aber $V \cap P_A(x + z_i) = \varnothing$ für jedes $i \in \mathbf{N}$, denn: Da $P_A(x + z_i) \subset P_A(x)$, genügt es zu zeigen, daß $V_0 \cap P_A(x + z_i) = \varnothing$ für jedes $i \in \mathbf{N}$. Sei daher $i \in \mathbf{N}$ und $v = \left(\frac{1}{2m}\right)(c_1 y_1 + \cdots\cdots + c_m y_m) \in V_0$. Es gibt ein $t \in B_{[0,1]}(t_j, \delta_i)$ so, daß $y_k(t) > 0$ und $y_k(t) \geqq y_l(t)$ für $l = 1, \ldots, m$. Für dieses t ist $v(t) = \left(\frac{1}{2m}\right)(c_1 y_1(t) + \cdots + c_m y_m(t)) \leqq \frac{3 y_k(t)}{4} < y_k(t)$ und nach (xviii) $x(t) + z_i(t) = 1 + y_k(t)$, also $x(t) + z_i(t) - v(t) > 1$, also $v \notin P_A(x + z_i)$, da $d_A(x + z_i) = 1$. Also ist nach 1.1 Satz (i) P_A nicht stetig von unten in x.

Ist die Annahme (vii) nicht erfüllt, so wird mit Hilfe der Funktion x eine Funktion x' so definiert, daß die Aussage »P_A ist nicht stetig in x'« so bewiesen werden kann, wie die Aussage »P_A ist nicht stetig in x, wenn die Annahme (vii) erfüllt ist«.
Ist die Annahme (vii) nicht erfüllt, so gibt es zu jedem $i \in \{1, \ldots, n\}$ ein $\varepsilon > 0$ so, daß $u(t) = 0$ für jedes $u \in P_A(x)$ und für jedes $t \in B_{[0,1]}(t_j, \varepsilon)$. Ist für jedes $i \in \{1, \ldots, n\}$ e_i das Supremum aller ε mit dieser Eigenschaft, so ist $0 < e_i < 1$ für jedes i, da $y \in P_A(x)$ von Null verschieden ist. Man verifiziert, daß es ein $j' \in \{1, \ldots, n\}$ und ein $e > 0$ und ein Paar $(t', t'') \in \{(t_{j'} + e_{j'}, t_{j'} + e_{j'} + e), (t_{j'} - e_{j'}, t_{j'} - e_{j'} - e)\}$ gibt so, daß $0 < t'' < 1$, $[t_{j'}, t''] \cap \{t_1, \ldots, t_n\} = \{t_{j'}\}$, $x(t) \neq 0$ und $|x(t)| < 1$ für jedes $t \in]t_{j'}, t'']$ und so, daß zu jedem $\varepsilon > 0$ ein $t \in B_{[0,1]}(t', \varepsilon)$ und ein $u \in P_A(x)$ existiert mit $u(t) \neq 0$.
Es kann angenommen werden, daß $x(t_{j'}) = +1$.
Man verifiziert, daß $-1 \leqq -1 + y_{\text{SUP}}(t) \leqq x(t) \leqq 1 + y_{\text{INF}}(t) \leqq 1$ für $0 \leqq t \leqq 1$.

Daher existiert ein $x' \in X$ so, daß

(xxi) $x'(t) = x(t)$ für $t \in [0, 1] \setminus [t_{j'}, t'']$.
(xxii) $x'(t_{j'}) = x'(t') = 1$.
(xxiii) $x(t) \leqq x'(t) \leqq 1 + y_{\text{INF}}(t)$ für $t \in [t_{j'}, t'']$.
(xxiv) $x'(t) < 1$ für $t \in [t_{j'}, t''] \setminus \{t_{j'}, t'\}$.

Für dieses x' verifiziert man (vgl. (i)–(vi)):

(xxv) $x' \in S(0, 1)$.
(xxvi) Ist $u \in A$ und $\text{SUP}\{|x'(t_i) - u(t_i)| : i = 1, \ldots, n\} \leqq 1$, so ist $u(t_i) = 0$ für $i = 1, \ldots, n$.
(xxvii) $d_A(x') = 1 = \text{INF}\{\text{SUP}\{|x'(t_i) - u(t_i)| : i = 1, \ldots, n\} : u \in A\}$.
(xxviii) $P_A(x) \subset P_A(x')$.
(xxix) Es ist $u(t) = 0$ für jedes $u \in P_A(x')$ und für jedes $t \in [t_{j'}, t'] \cup \{t_1, \ldots, t_n\}$.
(xxx) $x'^{-1}(1) = x^{-1}(1) \cup \{t'\}$ und $x'^{-1}(-1) = x^{-1}(-1)$.

Damit kann die Aussage »P_A ist nicht stetig in x'« so, wie oben gesagt, bewiesen werden und damit ist der Satz bewiesen.

5. Anhang: Ein Eindeutigkeitssatz

5.1 Satz Sei X ein normierter reeller Vektorraum und K eine proximinale konvexe Teilmenge von X, die das Nullelement von X enthält. Der abgeschlossene lineare Spann A von K sei ein Čebyšev-Teilraum von X. K ist eine Čebyšev-Teilmenge von X, wenn für jedes f in $A^* \setminus \{0\}$[11] und für jedes α in $\mathbf{R}$ so, daß $\text{SUP}\{fx : x \in K\} = \alpha$ und so, daß das Supremum angenommen wird[12], entweder $f^{-1}(\alpha)$ oder der abgeschlossene affine Spann[13] von $f^{-1}(\alpha) \cap K$ eine Čebyšev-Teilmenge von X ist.

Beweis. Es wird angenommen, daß K keine Čebyšev-Teilmenge von X ist. Dann gibt es ein x in X so, daß $P_K(x)$ zwei Elemente hat. Da K und $\text{INT}\, B(x, d_K(x))$

[11] A^* bezeichnet den reellen Banach-Raum aller stetigen linearen Funktionale auf A.
[12] i. e. $f^{-1}(\alpha)$ ist Stützhyperebene (in A) an K.
[13] Ist M nicht-leere Teilmenge eines reellen Vektorraumes X, so heißt die Menge $\{M +$ linearer Spann von $(M - M)\}$ der affine Spann von M.

disjunkte konvexe Mengen sind und da INT $B(x, d_K(x))$ offen ist, gibt es nach N. DUNFORD und J. T. SCHWARTZ [3; S. 417] ein von Null verschiedenes stetiges lineares Funktional g auf X und ein α in $\mathbf{R}$ so, daß $g(y) \leqq \alpha$ für y in K und $g(y) \geqq \alpha$ für y in $B(x, d_K(x))$. Insbesondere ist also $g(y) = \alpha$ für y in $P_K(x) = K \cap B(x, d_K(x))$. Sei nun f die Einschränkung von g auf A. g ist von Null verschieden, denn sonst wäre $P_K(x) \subset P_A(x)$ im Widerspruch zu der Voraussetzung, daß A ein Čebyšev-Teilraum von X ist. Da $P_K(x) \subset P_{f^{-1}(\alpha)}(x) \subset P_{\text{abgeschlossener affiner Spann von } f^{-1}(\alpha) \cap K}(x)$, ist weder $f^{-1}(\alpha)$ noch der abgeschlossene affine Spann von $f^{-1}(\alpha) \cap K$ eine Čebyšev-Teilmenge von X und damit ist der Satz bewiesen. Ohne Beweis sei bemerkt, daß die Bedingungen von 5.1 Satz nicht notwendig dafür sind, daß K eine Čebyšev-Teilmenge von X ist.

5.2 Corollar Sei X ein normierter reeller Vektorraum und sei K eine proximinale konvexe Teilmenge von X, die das Nullelement von X enthält. Der abgeschlossene lineare Spann A von K sei ein Čebyšev-Teilraum von X. K ist eine Čebyšev-Teilmenge von X, wenn jeder Punkt aus dem Rande (bzgl. A!) von K ein Extremalpunkt[14] von K ist.

Beweis. Ist f in $A^* \setminus \{0\}$ und α in $\mathbf{R}$ so, daß SUP $\{fx : x \in K\} = \alpha$ und so, daß das Supremum angenommen wird, so enthält $f^{-1}(\alpha) \cap K$ genau einen Punkt. Dann ist der abgeschlossene affine Spann von $f^{-1}(\alpha) \cap K$ gleich diesem Punkt und daher eine Čebyšev-Teilmenge von X. Damit folgt das Corollar aus 5.1 Satz.

Bemerkung: (i) Für den Fall, daß $X = C([0, 1])$ und A endlich-dimensional ist, wurde 5.2 Corollar von J. R. RICE [18] auf anderem Wege bewiesen.
(ii) J. R. RICE [19; S. 90] äußert die Vermutung, daß für den Fall, daß $X = C([0, 1])$ und A endlich-dimensional ist, die Bedingungen von 5.2 Corollar auch notwendig dafür sind, daß K eine Čebyšev-Teilmenge von X ist. Das folgende Beispiel zeigt indes, daß diese Vermutung nicht zutrifft.

5.3 Beispiel: Sei $X = C([0, 1])$ und sei für jedes $n = 0, 1, 2, \ldots$ das Element x_n von X definiert durch $x_n(t) = t^n$ für $0 \leqq t \leqq 1$. Sei $k \in \mathbf{N}$ und sei $K = \{a_0 x_0 + a_1 x_1 + \cdots + a_k x_k : a_0, \ldots, a_k \in \mathbf{R},\ a_k \geqq 0\}$. K ist proximinal und konvex und enthält das Nullelement von X. Der abgeschlossene lineare Spann A von K ist der lineare Spann der Menge $\{x_0, \ldots, x_k\}$. A ist bekanntlich ein Čebyšev-Teilraum von X. Der Rand (bzgl. A!) von K und zugleich die einzige abgeschlossene Stützhyperebene (in A!) an K ist der lineare Spann der Menge $\{x_0, \ldots, x_{k-1}\}$, also ein Čebyšev-Teilraum von X. Nach 5.1 Satz ist daher K eine Čebyšev-Teilmenge von X, während der Rand (bzgl. A!) von K keinen Extremalpunkt von K enthält.

[14] Vgl. z. B. M. M. DAY [2; S. 78].

Literaturverzeichnis

[1] Brown, A. L., Best *n*-dimensional approximation of functions. Proc. London Math. Soc. 14 (1964), 577–594.

[2] Day, M. M., Normed linear spaces. Springer-Verlag, Berlin–Göttingen–Heidelberg, 1958.

[3] Dunford, N., und J. T. Schwartz, Linear operators I. Interscience Pub., New York, 1958.

[4] Efimov, N. V., und S. B. Stečkin, Approximative compactness and Čebyšev sets. Dokl. Akad. Nauk SSSR 140 (1961), 522–524 (Russisch), übersetzt in Sov. Math. 3 (1962), 1226–1228.

[5] Fan, Ky, und I. Glicksberg, Some geometric properties of the spheres in a normed linear space. Duke Math. J. (1958), 553–568.

[6] Fort Jr., M. K., A unified theory of semi-continuity. Duke Math. J. 16 (1949), 237–264.

[7] Haar, A., Die Minkowskische Geometrie und die Annäherung an stetige Funktionen. Math. Ann. 78 (1918), 294–311.

[8] Hahn, H., Reelle Funktionen I. Akad. Verlagsgesellschaft, Leipzig, 1932.

[9] Hausdorff, F., Mengenlehre. W. de Gruyter, Berlin und Leipzig, 1935.

[10] Kelley, J. L., General topology. D. van Nostrand Co., New York, 1955.

[11] Klee, V., Convexity of Chebychev Sets. Math. Ann. 142 (1961), 292–304.

[12] Kuratowski, C., Les fonctions semi – continues dans l'espace des ensembles fermés. Fund. Math. 18 (1932), 148–160.

[13] Meinardus, G., Approximation von Funktionen und ihre numerische Behandlung. Springer-Verlag, Berlin–Göttingen–Heidelberg–New York, 1964.

[14] Michael, E., Topologies on spaces of subsets. Trans. Amer. Math. Soc. 71 (1951), 152–182.

[15] Michael, E., Selected selection theorems. Amer. Math. Monthly 63 (1956), 233–238.

[16] Nicolescu, M., Sur la meilleure approximation d'une fonction donnée par les fonctions d'une famille donnée. Bul. Fac. Sti. Cernauti 12 (1938), 120–128.

[17] Phelps, R. R., Chebychev sets and nearest points. Proc. Amer. Math. Soc. 8 (1957), 790–797.

[18] Rice, J. R., Approximation with convex constraints. J. Soc. Indust. Appl. Math. 11 (1963), 15–32.

[19] Rice, J. R., The approximation of functions I. Addison-Wesley Pub. Co., Reading, Mass., 1964.

[20] Singer, I., Some remarks on approximative compactness. Rev. Roumaine de Math. Pure et Appl. 9 (1964), 167–177.

[21] Tatarkiewicz, K., Une théorie généralisée de la meilleure approximation. Ann. Univ. Mariae Curie – Sklodowska 6 (1952), 31–46.

MIX
Papier aus verantwortungsvollen Quellen
Paper from responsible sources
FSC® C105338

If you have any concerns about our products,
you can contact us on
ProductSafety@springernature.com

In case Publisher is established outside the EU,
the EU authorized representative is:
Springer Nature Customer Service Center GmbH
Europaplatz 3, 69115 Heidelberg, Germany

Printed by Libri Plureos GmbH
in Hamburg, Germany